锰氧化物基脱硝催化剂

MENGYANGHUAWUJI TUOXIAO CUIHUAJI

张延兵 ◎ 著

化学工业出版社

·北京·

内容简介

本书以锰氧化物基脱硝催化剂为主线，介绍了氮氧化物的产生及危害、氮氧化物的控制排放技术、脱硝催化剂的测试表征方法、单锰氧化物脱硝催化剂、复合型锰氧化物基脱硝催化剂和掺杂贵金属的锰氧化物基脱硝催化剂。本书主要以锰氧化物为主活性组分，结合柠檬酸法、新颖的氧化还原法分别实现单锰氧化物、复合锰氧化物和贵金属氧化物活性组分于碳纳米管、埃洛石管和聚苯硫醚载体的原位负载，具有简单、温和、环保等特点。

本书可为锰氧化物基脱硝催化剂及相关催化剂的制备和研究提供一定的理论和数据支撑，可供从事脱硝催化剂理论和应用研究的科研人员和高等院校环境工程、化学工程相关专业的师生阅读参考。

图书在版编目（CIP）数据

锰氧化物基脱硝催化剂 / 张延兵著. -- 北京：化学工业出版社，2024. 9. -- ISBN 978-7-122-46586-3

Ⅰ. TQ426.99

中国国家版本馆 CIP 数据核字第 2024VR4759 号

责任编辑：傅聪智　　　　　　　　文字编辑：姚子丽
责任校对：边　涛　　　　　　　　装帧设计：王晓宇

出版发行：化学工业出版社
　　　　　（北京市东城区青年湖南街 13 号　邮政编码 100011）
印　　装：北京天宇星印刷厂
710mm×1000mm　1/16　印张 7½　字数 113 千字
2024 年 9 月北京第 1 版第 1 次印刷

购书咨询：010-64518888　　　　　售后服务：010-64518899
网　　址：http://www.cip.com.cn
凡购买本书，如有缺损质量问题，本社销售中心负责调换。

定　　价：88.00 元　　　　　　　版权所有　违者必究

前　言

　　固定源（燃煤电厂、垃圾焚烧厂、水泥厂等）和移动源（汽车、轮船等）排放的氮氧化物（NO_x，$x=1$，2）会引起酸雨、臭氧破坏、温室效应和光化学污染等环境问题并影响人体健康。随着国家对环保问题和国民健康问题的重视，氮氧化物控制排放技术得到了广泛的研究和应用。作为一种成熟的氮氧化物控制技术，氨气选择性催化还原氮氧化物（NH_3-SCR）技术的核心是脱硝催化剂。因此，针对脱硝效率高、低毒、制备工艺简单的催化剂的研发具有重要的理论和实际意义。

　　本书基于等体积浸渍法、聚多巴胺（PDOPA）改性法、十二烷基苯磺酸钠改性法，结合前驱体之间的氧化还原反应，设计合成了几个系列的脱硝催化剂，研究了脱硝催化剂的结构与性能之间的构效关系。本书共包括 5 章，第 1 章阐述了氮氧化物的产生、危害，氮氧化物的排放政策等内容；第 2 章介绍了脱硝催化剂的测试方法、脱硝催化剂的表征方法等内容；第 3 章对两种单锰氧化物脱硝催化剂的结构和性能进行了表征与分析，建立了单锰氧化物脱硝催化剂的结构与性能之间的构效关系；第 4 章分析了四种复合型锰氧化物基脱硝催化剂的结构和性能，确立了复合型锰氧化物基脱硝催化剂的结构与性能之间的构效关系；第 5 章介绍了掺杂贵金属的锰氧化物基脱硝催化剂的制备方法，并对其结构和性能进行了表征与分析，明确了掺杂贵金属的锰氧化物基脱硝催化剂的结构与性能之间的构效关系。

　　本书不仅包含作者在教学和科研实践中的成果，还参考了与本书主题相关的国内外文献，总结了锰氧化物基脱硝催化剂的最新研发进展，能为从事脱硝催化剂理论研究和工业化应用的科研人员和在校生提供有价值的参考。

本书的撰写得到了作者的博士导师、同行专家、朋友及部分本科生的指导与帮助，在此表示感谢。由于作者水平有限，本书难免存在一些不尽完善和疏漏之处，在此希望各位专家、同行和读者提出宝贵的意见和建议，以便本书的修正和完善。

张延兵

2024 年 3 月

CONTENTS   目 录

第 4 章　复合型锰氧化物基脱硝催化剂　　045

第 5 章　掺杂贵金属的锰氧化物基脱硝催化剂　　081

第1章
绪论

1.1　氮氧化物的产生

能源是人类社会赖以生存和发展的重要物质基础。世界能源生产和消费量在过去几年一直表现为增长趋势，且主要为传统的矿物燃料。众所周知，矿物燃料煤在燃烧过程中会产生大量污染物，从而带来环境和人体健康问题。因此，矿物能源的清洁利用是解决现有能源利用所带来问题的关键[1]。

煤炭的利用途径有多种，但普遍认为煤炭用于发电的经济利益和环境效益较好。作为世界上最重要的二次能源，电力具有清洁和便于输送等优点。在我国，燃煤发电是电力生产的主体。随着经济发展，燃煤发电量将会逐步提高。

世界的能源需求持续上升。世界能源组织在《能源展望》报告中称，全球能源需求到 2030 年将增加 50%，其中 60% 以上来自发展中国家。日本能源经济研究所（IEEJ）则预测能源需求的增加主要来源于亚洲国家。

从发达国家数十年的实践来看，电力增长越快，总的能源需求增长越慢；电力占终端能源的比例越大，单位产值的能源消耗越低。高效、环保及合理利用煤炭资源也是未来我国电力发展的方向。

大气中 90% 的氮氧化物（NO_x）源自燃料燃烧过程中的尾气排放[2]。NO_x 主要由 NO、NO_2、N_2O、N_2O_3 和 N_2O_4 等化合物构成[3]，其中 NO 和 NO_2 所占比例最大[4]。统计表明，超过 50% 的 NO_x 来自固定源排放，其余主要来自移动源汽车的尾气[2]。燃烧过程中 NO_x 的形成机理主要分为燃烧型 NO_x 机理、热力型 NO_x 机理和快速型 NO_x 机理[5-7]。

1.2　氮氧化物的危害

图 1-1 为生态环境部公布的 2019～2022 年 NO_x 的排放总量[8-11]。由图可知，近年来我国 NO_x 的排放总量虽有所下降，但仍维持在较高水平。

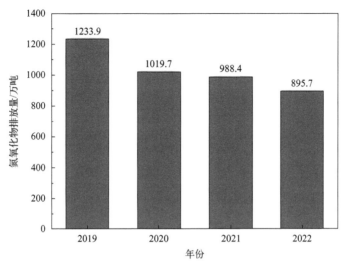

图 1-1　2019～2022 年 NO_x 的排放总量

NO_x 作为一种主要的大气污染物，会带来一系列环境问题[12-23]。例如，N_2O 引起的臭氧破坏和温室效应、NO 带来的光化学烟雾和 NO_2 诱发的酸雨。NO_x 具体危害性体现在以下几点：

① 危害人体和动物健康

NO 易与血液中的血红蛋白相结合，这将赶出氧合血红蛋白中的氧，并结合血红蛋白形成亚硝基和亚硝基高铁血红蛋白，降低血液的运输能力，从而导致生物体缺氧的严重后果[24]。NO_2 呈现高于 NO 的毒性，且其危害随浓度的增加而增强[25]。NO_2 含量对人体健康的影响见表 1-1。

表 1-1　NO_2 含量对人体健康的影响

NO_2 含量/%	对人体的影响
0.00005	连续暴露 4h，肺部细胞组织产生病理变化
0.0005	可闻到强烈的恶臭味
0.005	1min 可感觉到呼吸较为异常，鼻子遭受严重刺激
0.008	3～5min 内会感到胸痛
0.08～0.15	0.5～1h 会因肺水肿而死亡
≥0.02	瞬间死亡

② 危害植物

NO_2 会破坏植物组织，减少叶绿素含量，致使植物光合作用降低，从而影响植物的生长和发育。

③ 危害环境

NO_x 能带来光化学烟雾；NO_x 与雨水结合形成酸雨，这会导致土壤酸化、物质的腐蚀和生态系统衰退等问题；NO_x 与大气中臭氧的反应会破坏臭氧层，致使地球所受的紫外线辐射增强，导致诸多危害[26-27]。

1.3 氮氧化物排放状况及排放政策

表 1-2 和表 1-3 列出了 2018～2021 年我国能源产量及其消费情况[28-31]，数据表明煤炭是现阶段我国能源生产和消费的主体。国务院办公厅在《能源发展战略行动计划（2014～2020 年）》中指出[32]，2020 年煤炭消费总量将控制在 42 亿吨左右，其消费比重控制在 62% 以内。以上叙述表明，在今后相当长时期内，我国能源生产和消费的主体仍然是煤炭。

表 1-2　2018～2021 年国内能源产量

年份	人均原煤/kg	人均原油/kg	人均能源总产量/千克标准煤
2018	2636.0	135.0	2701.0
2019	2732.0	136.0	2822.0
2020	2765.0	138.0	2886.0
2021	2921.0	141.0	3024.0

表 1-3　2018～2021 年国内能源消费情况

年份	人均煤炭/kg	人均石油/kg	人均能源消费总量/千克标准煤
2018	2833.0	444.0	3364.0
2019	2855.0	458.0	3463.0
2020	2869.0	463.0	3531.0
2021	3042.0	484.0	3724.0

生态环境部公布的中国生态环境状况公报显示[33-34]，2023 年全国 339 个城市环境空气 NO_2 年均浓度在 $5\sim41\mu g/m^3$，平均为 $22\mu g/m^3$，比 2022 年上升了 4.8%，NO_2 的污染问题仍是关注的重点。2022 年和 2023 年全国城市环境空气 NO_2 年均浓度区间分布及年际变化见图 1-2。

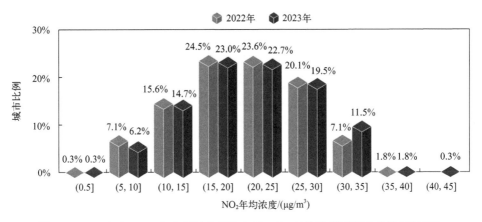

图 1-2　2022 年和 2023 年全国城市环境空气 NO_2 年均浓度区间分布及年际变化

随着我国经济社会发展步伐加快，对能源的生产和消费需求将增加。国家统计局的能源消费总量年度数据指出[35]，$2021\sim2023$ 年全国能源消费总量分别为 525896 万吨标准煤、540956 万吨标准煤和 572000 万吨标准煤，煤炭占能源消费总量的比重分别为 55.9%、56.0% 和 55.3%。煤炭的总体消耗量仍处于高位状态，由此产生的氮氧化物排放问题仍是环境保护关注的重点。

针对 NO_x 减排形势的严峻性以及 NO_x 带来的环境问题，国家制定了一系列政策和法规[2-4,36]。2012 年中国国家环境保护部公布了《火电厂大气污染物排放标准》（GB 13223—2011），该标准提高了各项污染物的指标，尤其加大了对 NO_x 的排放量控制，即将燃煤电厂 2003 年 0.0445% NO_x 排放标准提高到了 0.01%。2013 年国务院印发《大气污染防治行动计划》，旨在应对大气污染问题。2014 年修订通过了 1989 年实施的《中华人民共和国环境保护法》。上述法律法规旨在使人民的生活环境和生态环境得以保护和改善，使人民的身心健康得到保障，使经济和社会可持续发展。

1.4 氮氧化物控制技术及研究现状

为解决固定源 NO_x 带来的环境问题,一系列 NO_x 控制技术得到了研究和应用(图 1-3)。固定源 NO_x 的控制技术分为燃烧前控制技术、燃烧中控制技术和燃烧后控制技术三类[37]。燃烧前控制技术的特点是采用各种技术降低燃料的含氮量,达到 NO_x 减排目的;燃烧中控制技术是通过调整燃烧条件,抑制 NO_x 的生成或破坏已生成的 NO_x,又称低 NO_x 燃烧技术;燃烧后控制技术是利用非燃烧手段除去尾气中的 NO_x,又称烟气脱硝技术。需要指出的是,燃烧中控制技术和燃烧后控制技术是研究和应用较为广泛的 NO_x 控制技术,而燃烧中控制技术仅能降低 50% 的 NO_x 排放量,难以满足《火电厂大气污染物排放标准》中 0.01% 的 NO_x 排放标准。为此,需要结合燃烧后控制技术(烟气脱硝技术),实现尾气中 NO_x 的低排放量。

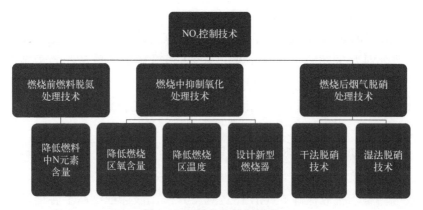

图 1-3 氮氧化物控制技术

依据工作介质的差异,烟气脱硝技术包括干法脱硝和湿法脱硝技术[4,38](图 1-4)。干法脱硝技术包括选择性非催化还原法(SNCR)、选择性催化还原法(SCR)、吸附法(活性炭吸附法/分子筛吸附法)、催化氧化或富氧氧化法、化学氧化剂氧化法(气相氧化剂 ClO_2/Cl_2 等)和同时脱硫脱硝法(电子束照射法和脉冲电晕等离子体化学处理法)。湿法脱硝技术有稀硝酸吸附法、碱液吸附法、液相还原吸收法、液相络合吸收法、硝酸氧化法和化学氧化剂氧化法（液相氧化剂如 $K_2CrO_7/KMnO_4/H_2O_2$ 等的水溶液）。

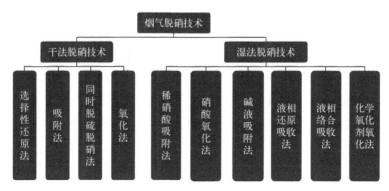

图 1-4　烟气脱硝技术

干法脱硝技术适用于连续性大排气量尾气处理，技术相对成熟，其中以 SNCR 和 SCR 脱硝技术最为成熟，且其已成功商业化。与 SNCR 技术相比，SCR 技术呈现环境友好、选择性高、脱硝率高（＞90%）和 NH_3 泄漏率低等优势[39-40]。因此，我国烟气干法脱硝领域应以 SCR 脱硝技术为主，这也是 NO_x 排放标准高要求的国家（德国、日本和美国）所普遍采用的脱硝技术。

1.4.1　选择性催化还原技术及研究现状

美国 Engelhard 公司于 20 世纪 60 年代初申请了 SCR 脱硝技术专利，日本于 20 世纪 70 年代末将其实现工业化，该技术在欧美发达国家得到了广泛应用。作为一种成熟的脱硝技术，SCR 技术的理论脱硝率可达 95%，且氨气泄漏率低[39]，这使其广泛用于燃煤电厂的尾气处理。SCR 技术的核心是催化剂，其影响 SCR 系统对氮氧化物的脱除效率。催化剂的主要组成包括活性组分、助剂和载体。活性组分起到反应物活化的作用，助剂能够提升催化剂的抗 SO_2 性能、循环和长周期稳定性能，载体主要起到分散和支撑作用。SCR 催化剂的种类较多，主要包括金属氧化物催化剂、贵金属催化剂、分子筛催化剂、活性炭基催化剂等几种。

贵金属催化剂主要活性成分为 Pt、Pd、Rh 和 Ru 等或它们的复合物。贵金属催化剂通常具有良好的脱硝性能，但是其显著缺点是高温时催化剂的选择性较差、容易生成有毒的笑气，进而造成二次污染；容易产生硫中毒，从而影响催化剂的活性；成本高。因此，对贵金属催化剂的研究很快被其他金属氧化物取代。分子筛具有规则均匀的孔道且比表面积较大，通常用作 SCR 脱硝催化剂的载体，传统的分子筛催化剂在中高温段具有良好的脱硝活性，但是其抗水热老化和抗 SO_2 性能较差，从而限制了其工业应用。活性炭基催化剂具有大的比表面积、丰富的孔隙结构和表面官能团，可用作低温 SCR 脱硝催化剂的载体，其具有来源广泛、价格低廉、载体本身对环境友好等优点，但其存在抗水性能差、载体制备可重现性差、表面性质和结构可控性差及载体的强度和稳定性也有待提高等问题。金属氧化物催化剂包括 V_2O_5、WO_3 和 MnO_x 等金属氧化物及其混合物，其具有表面酸性强、比表面积大、来源广泛等优点，是目前研究最多且技术最成熟的催化剂。目前商用 SCR 脱硝催化剂通常采用以 WO_3 或 MoO_3 为助催化剂的 V_2O_5/TiO_2 催化剂，其载体为锐钛矿 TiO_2。V_2O_5 活性组分以单分子层形式分布在载体表面，具有表面酸性强、比表面积大等特点，因此具有较高的脱硝效率和稳定性，其最佳反应烟温为 $300\sim400℃$，脱硝率可以达到 $80\%\sim95\%$。WO_3 或 MoO_3 的引入，不仅能提高脱硝率，还能增加其热稳定性以及 N_2 选择性。尽管该种催化剂得到了广泛的应用，但其依然存在着缺点和不足：活性温度较高，不适用于烟气尾部脱硝；锐钛矿晶型不稳定，容易转化为金红石型；钒基催化剂还具有生物毒性，容易造成二次污染。因此，开发新型无毒、廉价、低温高效的 SCR 脱硝催化剂成为国内外的研究热点。

1.4.2 选择性催化还原技术反应机理

CO、碳氢化合物和 NH_3 等还原剂在较低温度和催化剂作用下，选择性地将 NO_x 转化为 N_2 和 H_2O。通常，NH_3 被选作 SCR 反应的还原剂，基于该还原剂的 SCR 脱硝技术（NH_3-SCR）的反应原理如图 1-5 所示。

图 1-5 主要由以下过程组成[41]：

① NH_3 向催化剂表层的扩散过程；

② NH_3 经扩散作用进入催化剂孔洞的过程；

③ NH_3 吸附在催化剂活性位点的过程；

④ NO_x 扩散至吸附态 NH_3 表面的过程；

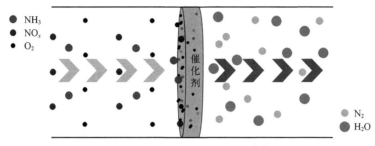

图 1-5　NH_3-SCR 反应原理[42]

⑤ NH_3 和 NO_x 反应生成 N_2 和 H_2O 的过程；

⑥ N_2 和 H_2O 利用扩散作用到达催化剂表层的过程；

⑦ N_2 和 H_2O 扩散至气相主体的过程。

当温度过低时，NO 的还原速率变慢，影响反应速率；当温度为 $800\sim900℃$ 时，该反应可在没有催化剂的条件下进行；当温度 > $900℃$ 时，NO_x 还原速率降低，且存在还原剂 NH_3 的氧化分解，这不利于脱硝反应，因此在脱硝过程中引入催化剂具有重要作用。基于此，开发出商业化的 V_2O_5-WO_3（MoO_3）/TiO_2（锐钛矿）催化剂，其在 $300\sim400℃$ 具有优良的 SCR 活性[43-50]。但是，当温度 < $300℃$ 时，该催化剂的脱硝活性不佳。

基于安装位置的不同，SCR 系统具有高灰段布局、低灰段布局和尾部布局三种布置方式[51]。高灰段布局（图 1-6A）：SCR 系统安装在锅炉和预热器之间，其优点是高温尾气能满足系统脱硝过程中的温度要求，但是，尾气中高含量的灰分会造成催化剂磨损及孔洞堵塞。低灰段布局（图 1-6B）：SCR 系统置于除尘设备之后，低灰分含量的尾气对催化剂的磨损和堵塞作用小；由于没有经过脱硫处理，尾气中的 SO_2 会引起催化剂中毒。尾部布局（图 1-6C）：SCR 系统安装在除尘和脱硫设备之后，洁净的尾气对催化剂的减活影响较小。要说明的是，经过脱硫处理的尾气温度通常 ≤200℃[52]。

低温 SCR 催化剂的优点如下：①低灰分含量和低 SO_2 尾气含量，对催化剂减活影响小；②催化剂用量小，成本低；③NH_3 利用效率高[53]。但是，经除尘和脱硫处理后，尾气的温度通常低于 200℃，这难以满足现有商用 SCR 催化剂的运行温度窗口。因此，研发 200℃ 以下活性优良的 SCR 催化剂具有重要意义。

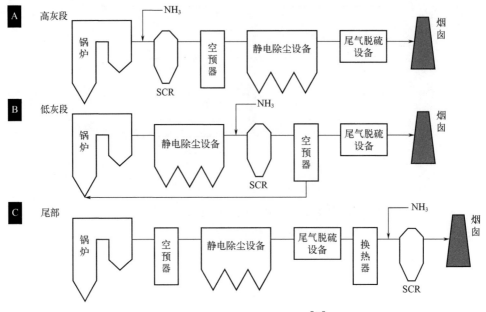

图 1-6 SCR 系统的布局方式[51]

烟气中除了 NO_x 外，还含有一定量 SO_2 和 SO_3，这会造成 SCR 催化剂的减活[54-59]。其减活原因主要有以下两点[60-66]：①SO_2 与烟气中的 NH_3 反应生成易堵塞催化剂活性位点的 NH_4HSO_4 和（NH_4）$_2SO_4$，引起可逆减活；②金属氧化物催化剂会被 SO_2 酸化成硫酸盐，造成不可逆减活。基于上述结论，为保证 SCR 反应的正常运行，SCR 催化剂应具有一定抗 SO_2 性能。因此，研究和开发具有抗 SO_2 能力的 SCR 催化剂具有重要意义。

1.4.3 选择性催化还原脱硝催化剂研究现状

催化剂作为 SCR 脱硝技术的核心，各国研究人员对其进行了大量的研究，并得到了一系列活性较好的 SCR 脱硝催化剂[67-81]。在此，本书主要介绍锰氧化物基催化剂，分为基于锰氧化物的一元脱硝催化剂、基于锰氧化物的二元脱硝催化剂、基于锰氧化物的三元脱硝催化剂和基于锰氧化物的负载型脱硝催化剂[82]。

1.4.3.1 基于锰氧化物的一元脱硝催化剂

MnO_x[83]、FeO_x[84]和 VO_x[85]等催化剂都具有优良的脱硝活性，其

中 MnO_x 的低温 SCR 活性最佳。基于此，研究人员制备了一系列低温 SCR 活性良好的一元 Mn 基催化剂。Kang 等[83]利用共沉淀法制备了一系列 MnO_x 催化剂，其中用 Na_2CO_3 作沉淀剂得到的 MnO_x 催化剂显示出最佳的 NO_x 转化率和 N_2 选择性，这得益于其高的比表面积（BET）、高含量的 Mn^{4+} 和表面氧。再者，残留的碳酸盐利于 NH_3 的吸附，这也有助于提高其低温 SCR 活性。Tang 等[86]采用流变相反应法（RP）、低温固相反应法（SP）和共沉淀法（CP）分别制备了 MnO_x 催化剂，其 NO_x 转化率在 $80℃$ 达到 98%。此外，H_2O 和 SO_2 的存在对低温固相反应法和共沉淀法制得的 MnO_x 催化剂的 SCR 活性影响较大。但是，切断 H_2O 和 SO_2 后，催化剂的活性可恢复至初始水平，表明该减活作用是可逆的。

结晶度是影响催化剂脱硝性能的另一个重要因素。MnO_x 催化剂的制备方法和煅烧方法对其结晶度影响较大。Tang 等[86]发现：与柠檬酸法制备的结晶性 MnO_x 催化剂相比，固相反应法和共沉淀法得到的无定形 MnO_x 催化剂显示更好的低温 SCR 活性。此外，经流变相反应法和 $350℃$ 煅烧后得到了无定形 MnO_x 催化剂。归因于无定形 MnO_x 质子插入和释放能力的提高，其体相中的原子易与表面原子发生氧化还原反应，进而获得较高的 SCR 活性[87]。Tian 等[88]利用水热法制备了纳米管状、纳米棒状和纳米粒子状 MnO_2 催化剂，其中，纳米棒状 MnO_2 催化剂在 $36000h^{-1}$ 空速下呈现最佳的催化活性，其在 $250\sim300℃$ 的催化活性超过 90%。此外，其表观活化能（E_a）为 $20.9kJ/mol$，较低的 E_a 有利于催化活性。

Xu 等[89]以 KIT-6 为硬模板制备了 3D 结构的 MnO_x 催化剂并将其用于 NH_3-SCR 反应，所制备的催化剂在 $140℃$ 呈现最佳的脱硝活性。结果显示，Mn-140 催化剂具有较高的表面氧和 Mn^{4+} 含量；NH_3-TPD（NH_3-程序升温脱附）和原位 DRIFTS（漫反射傅里叶变换红外光谱）证明在 Mn-140 催化剂中含有 Lewis 酸（路易斯酸）和 Brønsted 酸（布朗斯特酸），其能够提升催化剂对 NH_3 的吸附和催化活性，进而提升 NO_x 的还原能力。Yang 等[90]以 $MgAl_2O_4$ 尖晶石为载体制备了 Mn/MAS 催化剂，研究了煅烧温度对催化活性的影响。结果显示，Mn0.12/MAS-700 在 $150\sim300℃$ 温度下有 80% 的脱硝率并且氮气选择性超过 60%。此外，在水存在的情况下，催化剂能维持接近 90% 的脱硝率，这主要归因于催化剂中生成了高价态的 Mn^{4+} 和高含量的化学吸附氧。原位 DRIFTS 解释了催化剂主要是按 E-R 机理进行反应。Jia 等[91]采用多种化学方法对生物炭进行改性，并将 MnO_x 活性组分负载于生物炭（LBC）用于制备 SCR 催化剂。25%Mn/LBC-OH 在 225℃ 温度下呈现 95% 的脱硝率（空速为 37500 h^{-1}），这主要得益于在催化剂的表面生成了高分散的 MnO_x 活性组分。此外，该催化剂呈现较好的抗二氧化硫和抗水性能，使其成为一种理想的氮氧化物控制用催化剂。

1.4.3.2 基于锰氧化物的二元脱硝催化剂

归因于不同金属氧化物间电子和结构的相互影响，掺杂能够改善一元 MnO_x 催化剂的低温 SCR 活性及抗 SO_2 性能[92]。Chen 等[93]制备了 Fe-Mn 混合氧化物催化剂，并将其用于低温 SCR 反应。所制备的 Fe(0.4)-MnO_x 催化剂具有最佳的催化性能，其在 120℃ 的脱硝率和 N_2 选择性分别达到 98.8% 和 100%。XPS（X 射线光电子能谱）结果显示 Fe^{n+} 和 Mn^{n+} 之间存在电子转换，这解释了 Fe(0.4)-MnO_x 催化剂长寿命的原因。此外，SO_2 和 H_2O 会导致催化剂减活，但是该减活作用是可逆的。Yang 等[94]利用共沉淀法制备了 $(Fe_{3-x}Mn_x)_{1-\delta}O_4$ 催化剂。归因于 Mn 并入到 γ-Fe_2O_3，该催化剂对 $NO+O_2$ 或 NH_3 的吸附性能增加。Zhan 等[95]采用新颖的静电纺丝方法得到了 MnO_2 掺杂的 Fe_2O_3 中空纳米纤维，并将该中空纳米纤维用于低温 SCR 反应。当 Mn/Fe（摩尔比）为 0.15 时，所得到的中空纳米纤维显示最佳的催化活性，其在 150～300℃ 下的 NO 转化率接近 100%。XPS 和原位 FTIR（傅里叶变换红外光谱）结果显示，Mn^{4+} 化物是 SCR 反应的主要活性组分，其能提高 Lewis 酸的表面浓度和酸度。

Liu 等[96]比较了表面活性剂模板（ST）法和共沉淀（CP）法所制备的 Mn-Ce 混合氧化物催化剂的相关性能。结果显示，最佳的 Mn-Ce 混合氧化物催化剂来自 ST 法，其 100～200℃ 时有接近 100% 的 NO 转化率，且其具有较高的抗 SO_2 和 H_2O 性能。该催化剂具有高的比表面积（BET），这有助于 NH_3 和 NO_x 的吸附，进而促进 NO_x 的还原过程。Andreoli 等[97]采用溶液燃烧法得到了 MnO_x-CeO_2 催化剂，其在宽的温度范围有 90% 的 NO 转化率。此外，MnO_x 含量的增加能够扩大催化剂的运行窗口，少量 CeO_2 的引入会提高 MnO_x 催化剂的低温 SCR 性能。Guo 等[98]制备了核壳结构二元 $CeO_x@MnO_x$ 催化剂，该催化剂的 SCR 活性高于柠檬酸法得到的 $CeMnO_x$ 催化剂的活性，主要是因为该催化剂具有低的结晶性、良好的还原能力、高含量的 Mn^{4+} 和活性氧。

Tang 等[99]运用氧化还原共沉淀法制备了 MnO_x-SnO_2 催化剂。所得到的催化剂在 $100 \sim 200℃$ 下呈现高的 SCR 活性，这归因于催化剂的高比表面积（BET）、高价态锰氧化物以及 MnO_x 和 SnO_2 之间形成的固溶体。Chen 等[100]制备了 Cr-Mn 混合氧化物催化剂。实验结果表明，Cr(0.4)-MnO_x 催化剂获得了最佳的 SCR 活性，其在 $120℃$ 时的 NO 转化率可达 98.5%。催化剂在制备过程中形成了 $CrMn_{1.5}O_4$ 晶相，且 Cr 与 Mn 之间存在高效的电子转移，这可用来解释催化剂的高活性和长寿命。Zhang 等[101]采用自组装方法制备了中空多孔的 $Mn_xCo_{3-x}O_4$ 纳米笼状催化剂，该催化剂呈现较好的脱硝性能、较高的 N_2 选择性和稳定性以及抗 SO_2 性能。催化剂的高活性得益于中空结构和多孔结构带来的高比表面积（BET）和更多的活性位点；催化剂的高循环稳定性和抗 SO_2 性能归因于均匀分散的活性组分及 Mn 与 Co 之间的强相互作用。

1.4.3.3 基于锰氧化物的三元脱硝催化剂

基于二元 Mn 基催化剂的研究思路，研究人员通过掺杂两种金属氧化物的方式得到了低温 SCR 活性及抗 SO_2 性能较好的三元 Mn 基催化剂。Liu 等[102]采用共沉淀法制备了 $Fe_aMn_{1-a}TiO_x$ 催化剂。结果显示，部分 Fe 被 Mn 取代后，所得到的催化剂低温 SCR 活性有显著提高。Liu 等[103]制备了 $Fe_{0.75}Mn_{0.25}TiO_x$ 催化剂，并用原位 FTIR 研究了该催化剂的反应机理。低温下，离子 NH_4^+ 和配位 NH_3 对 SCR 反应有利，参与反应的主要是桥接硝酸盐和单配位基硝酸盐。此外，反应过程中形成的 NH_4NO_3 扮演了重要中间体的角色，其被 NO 还原的过程可能是整个 SCR 反应的决速步骤。再者，H_2O 对该催化剂的影响是可逆的，而 SO_2 的减活影响是不可逆的，主要是因为硫酸盐会抑制硝酸盐的形成。Li 等[104]使用新颖的原位水热沉淀法制备了 NiMnFe 混合氧化物催化剂。该催化剂在宽温度范围内显示出色的 SCR 活性，且在整个温度范围内具有 100% 的 N_2 选择性，这主要归因于 Ni、Mn 和 Fe 之间的强相互作用。

Liu 等[56]用水热法得到了三元 Mn-Ce-Ti 混合氧化物催化剂，该催化剂在宽温度范围内呈现出色的 SCR 活性、抗 SO_2 和 H_2O 性能（$150\sim 350℃$ 的 NO 转化率超过 90%）。结果表明，Ce 与 Mn 之间存在强相互作用，SCR 反应中同时存在两个氧化还原反应（$Ti^{3+} + Mn^{4+} \Longrightarrow Ti^{4+} + Mn^{3+}$，$Ce^{3+} + Mn^{4+} \Longrightarrow Ce^{4+} + Mn^{3+}$），这些特性有助于提高催化剂的 SCR 活性。Chang 等[105]制备了不同 Sn/(Sn+Mn+Ce)（摩尔比）的 SnO_2-MnO_x-CeO_2 催化剂。当 Sn/(Sn+Mn+Ce)＝0.1 时，该催化剂在 $80\sim230℃$ 下的 NO 转化率接近 100%，且其在 $200\sim500℃$ 具有出色的 N_2 选择性和抗 SO_2 性能。Ma 等[55]运用溶胶-凝胶法制备了一系列 MnO_x-WO_x-CeO_2 催化剂，并测试了它们的 SCR 性能。$W_{0.1}Mn_{0.4}Ce_{0.5}$ 混合氧化物催化剂在 $140\sim300℃$ 下的 NO 转化率达到 80%，且其具有较好的长周期稳定性。此外，由于该催化剂能够抑制 SO_2 的氧化和金属硫酸盐的生成，这使其呈现较佳的抗 SO_2 性能。Wang 等[50]制备了 W 改性的 MnO_x-TiO_2 催化剂，其中 W(0.25)-Mn(0.25)-Ti(0.5) 催化剂在 $80\sim280℃$ 下的 NO 转化率达到了 100%。

1.4.3.4 基于锰氧化物的负载型脱硝催化剂

载体在催化反应中的重要性体现在[82]：①为催化剂反应提供场所；②为活性组分的分散提供大的比表面积；③抑制较大结晶催化颗粒的形成。TiO_2、Al_2O_3、分子筛（USY 和 ZSM-5）、活性炭（AC）和活性炭纤维（ACF）、碳纳米管（CNTs）及其他复合载体被广泛用于催化领域，并制备了一系列性能良好的负载型 Mn 基脱硝催化剂。

（1）以 TiO_2 为载体的催化剂

基于 TiO_2 载体的一元催化剂：Fang 等[106]使用不同的前驱体制备了一系列 MnO_x/TiO_2 催化剂，并研究了前驱体对催化剂 SCR 活性的影响。结果发现，以乙酸锰和碳酸锰为载体得到的催化剂具有较好的 SCR 活性，主要是因为生成了 Mn_2O_3 和 Mn_3O_4。Cimino 等[107]利用浸渍法制备了 MnO_x/TiO_2 催化剂，其中 Mn/Ti＝6：1（摩尔比）的催化剂在 $80\sim 180℃$ 催化活性最佳。Peña 等[108]分别研究了 Cr/TiO_2、V/TiO_2、Mn/TiO_2、Co/TiO_2、Ni/TiO_2 和 Cu/TiO_2 催化剂的 SCR 活性，其中 Mn/

TiO_2 催化剂在 120℃时的脱硝率和 N_2 选择性都能达到 100%。

基于 TiO_2 载体的二元催化剂：Jiang 等[60]用原位 FTIR 方法研究了 SO_2 对 Fe-Mn/TiO_2 催化剂低温 SCR 活性的影响。结果表明，双配位基单核硫酸盐吸附在催化剂表面，这种硫酸盐会在催化剂表面生成新的 Lewis 酸位。催化剂表面吸附的 SO_2 对配位 NH_3 的吸附影响较小，但是能提高离子 NH_4^+ 的吸附量。Liu 等[109]使用浸渍法得到了一系列 Mn-Fe/TiO_2 催化剂，并将其用于 SCR 反应。当 Mn/Fe＝1∶1.5（摩尔比）时，所得到的催化剂呈现最佳的催化活性。该催化剂的 Mn 和 Fe 之间存在强烈相互作用，这导致形成了无定形 Mn-Fe 混合氧化物。Schill 等[110]利用新颖的水热法制备了 $Mn_{0.6}Fe_{0.4}$/TiO_2 催化剂，该催化剂在 150℃下呈现较高的抗 $(NH_4)_2SO_4$ 影响性能。

Wu 等[111]采用溶胶-凝胶法制备了一系列 Ce 改性 MnO_x/TiO_2 催化剂。实验结果显示，经 Ce 改性后，催化剂在 80℃时的脱硝率可从 39% 提高至 84%，这可能归因于 Ce 的引入提高了催化剂的酸度、化学吸附氧含量及氧化还原能力。Thirupathi 等[112]采用浸渍法制备了一系列 Mn-M′/TiO_2 催化剂（M′＝Fe、Cr、Ni、Co、Zn、Cu、Zr 和 Ce），其中 Mn-Ni (0.4)/TiO_2（Hombikat）催化剂获得了 100% 的 NO 转化率和 100% 的 N_2 选择性。Liu 等[57]研究了掺杂 Mn 对 V_2O_5/TiO_2 催化剂 SCR 活性的影响。结果显示，引入 Mn 后会提高催化剂的 SCR 活性，这得益于该催化剂存在 $V^{4+}+Mn^{4+}$══$V^{5+}+Mn^{3+}$ 氧化还原过程。

基于 TiO_2 载体的三元催化剂：Shen 等[113]制了 SCR 活性较好的三元 Fe-Mn-Ce/TiO_2 催化剂，其所采用的制备方法为溶胶-凝胶法。当 Fe/Ti＝0.1（摩尔比）时，催化剂催化活性最佳，其在 180℃下的脱硝率大于 96.8%。此外，该催化剂呈现较高的抗 H_2O 和 SO_2 性能。Yu 等[114]采用一锅溶胶-凝胶法制备了介孔 MnO_2-Fe_2O_3-CeO_2-TiO_2 催化剂。所制备的催化剂具有高分散的活性组分和高的比表面积（BET），其在 240℃时的脱硝率接近 80%。此外，该催化剂具有高的 N_2 选择性、低的 NH_3 氧化能力、较佳的抗 SO_2 性能和循环稳定性。

（2）以分子筛为载体的催化剂

基于分子筛和沸石载体的二元催化剂：Qi 等[64]采用浸渍法得到了二

元 Ce-Mn/USY。14%Ce-6%Mn/USY 催化剂取得了最佳催化活性，其在 180℃时有 100%的脱硝率，在 150℃时的 N_2 选择性接近 100%。Carja 等[115]制备了 Mn-Ce/ZSM-5 催化剂，其在 244～550℃呈现高于 75%的脱硝率。此外，所制备的催化剂在 H_2O（g）和 SO_2 共存下仍有稳定的 SCR 活性。

基于分子筛载体的三元催化剂：Zhou 等[116]制备了三元 Fe-Ce-Mn/ZSM-5 催化剂，其在 200℃和 300℃下的 NO 转化率分别达到 96.6% 和 98.1%。该 SCR 反应可能存在以下两种反应机理：①NO_2 与 Brønsted 酸位的 NH_4^+ 反应，生成（NH_4^+）$_2NO_2$，而（NH_4^+）$_2NO_2$ 又与 NO 反应生成 N_2 和 H_2O；②吸附的 NH_3 与 NO 或 HNO_2 反应，生成不稳定的中间体 NH_4NO_2 和 NH_2NO，这些中间体易降解为 N_2 和 H_2O。此外，Mn 的加入利于提高催化剂的 Brønsted 酸位，进而增强 NH_3 吸附能力；Fe 和 Ce 的引入能显著提高 NO 向 NO_2 转化的能力。Kim 等[117]利用浸渍法制备了 Mn(30)-Fe(10)-Er(10)/ZSM-5 催化剂，该催化剂在 150～350℃之间呈现出色的 SCR 活性。此外，Er 的加入可提高催化剂的水热稳定性。

(3) 以活性炭（AC）和活性炭纤维（ACF）为载体的催化剂

基于活性炭（AC）载体的一元催化剂：Cha 等[118]通过将 MnO_x 负载于活化的稻秆炭（RCW）和污泥炭（SCW）得到了一元 MnO_x/RCW 和 MnO_x/SCW 催化剂。MnO_x/RCW 催化剂在 50℃下具有 84%的脱硝率，而 MnO_x/SCW 催化剂在该温度下的脱硝率仅为 55%。Gao 等[119]通过将纳米 MnO_x 粒子负载到三维有序大孔炭（3DOMC），得到了 MnO_x/3DOMC 催化剂。结果表明，MnO_x/3DOMC 催化剂具有出色的 SCR 活性，这归因于 3DOMC 的高比表面积（BET）、高分散的 MnO_x 纳米粒子及催化剂的高氧化还原能力和酸强度。

基于活性炭纤维（ACF）载体的二元催化剂：郑玉婴等[120]利用等体积浸渍法制备了二元 Mn-Fe/ACF 催化剂，其中 1.2% Mn(0.75)-Fe/ACF 催化剂取得了最佳 SCR 活性，其在 180℃时的脱硝率达到 92%。

(4) 以碳纳米管（CNTs）为载体的催化剂

CNTs 优异的物理化学性能及特殊的一维管状结构，为其在催化领域应用提供了可能。此外，CNTs 较好的力学性能会降低其磨损率；其良好的热稳定性为高温催化反应奠定了基础。因此，综合性能优良的 CNTs 在催化载体领域具有广阔的应用前景。Fang 等[121]利用温和的化学沉淀法制备了纳米片状 nf-MnO$_x$@CNTs 催化剂。该催化剂具有较好的低温 SCR 活性和宽的运行温度窗口，这归因于高含量的 Mn^{4+}、较多和较强的酸位点。此外，该催化剂还呈现较好的稳定性和抗 H$_2$O 性能。Pourkhalil 等[122]制备了一系列 MnO$_x$/CNTs 催化剂，并研究了反应温度、MnO$_x$ 负载量和煅烧温度对催化剂 SCR 活性的影响。值得说明的是，12%（质量分数）MnO$_x$/CNTs 催化剂在 300℃下的 NO$_x$ 转化率和 N$_2$ 选择性分别达到 91%和 99%。此外，经抗 SO$_2$ 和 H$_2$O 测试的催化剂在 300℃下活化 2h 后，其催化活性可恢复至初始水平。Pourkhalil 等[59]采用浸渍法制备了一系列 MnO$_x$/CNTs 催化剂，其中 12%（质量分数）MnO$_x$/CNTs 催化剂在 200℃下的 NO$_x$ 转化率和 N$_2$ 选择性分别为 97%和 99.5%。Su 等[123]采用不同的制备方法获得了一系列 MnO$_x$/CNTs 催化剂。实验结果表明，MnO$_x$ 进入 CNTs 孔所形成的催化剂具有较好的 SCR 活性，这主要是因为进入 CNTs 孔的 MnO$_x$ 利于氧供给和 NO 吸附，进而提高催化剂的 SCR 活性。Wang 等[124]研究了煅烧条件对 MnO$_x$/CNTs 催化剂 SCR 活性的影响，其中 MnO$_x$/CNTs-Al（250℃，空气）在 80～180℃ 显示最佳的低温 SCR 活性，其在 80℃下具有 60%的脱硝率。但是，经 300℃ 和 N$_2$ 条件煅烧得到的催化剂活性较低，这可能归因于煅烧过程中 CNTs 将 MnO$_x$ 还原为低价态氧化物，从而引起催化剂活性降低。Lu 等[125]采用 KMnO$_4$ 与 H$_2$O$_2$ 之间的氧化还原反应制备了 MnO$_2$/CNTs 催化剂，其中 4% MnO$_2$/CNTs 催化剂取得了最佳的 SCR 活性，其 NO 转化率在 180℃ 时达到 89.5%，这得益于无定形 MnO$_2$ 的形成和催化剂较好的催化能力。

基于 CNTs 载体的二元催化剂：Wang 等[126]制备了一系列二元 Mn-Ce/CNTs 混合氧化物催化剂。当摩尔比介于 0.6%～0.8%之间时，Mn(0.4)-Ce/CNTs 催化剂在 120～180℃ 显示超过 90%的 NO 转化率，这归因于催化剂高的比表面积（BET）和孔体积。Zhang 等[127]采用吡啶热法制备了 MnO$_x$-CeO$_x$/CNTs 催化剂，并研究了煅烧温度和 CeO$_x$ 对催化剂结构的影响。结果显示，适宜的煅烧温度有助于获得较好的晶型及高分散的 MnO_x 和 CeO_x 活性组分，适宜的 CeO_x 负载量会提高催化剂的催化能力，这表明 CeO_x、MnO_x 和 CNTs 间存在强相互作用。此外，所得到的催化剂具有良好的抗 SO_2 性能和长周期稳定性。Zhang 等[128]利用聚（4-苯乙烯磺酸钠）辅助法制备了 MnO_x-CeO_x/CNTs 催化剂，该催化剂呈现优秀的 SCR 活性、较宽的运行温度窗口及较好的抗 SO_2 和 H_2O 性能，这得益于高度分散的活性组分、高的表面 Mn 和表面氧含量及 MnO_x 与 CeO_x 之间的强相互作用。Wang 等[129]利用液相法制备了 Mn-CeO_x/CNTs 催化剂，并研究了催化剂的 SCR 性能。当 Mn/（Mn+Ce）=5% 时，Mn-CeO_x/CNTs 催化剂 SCR 活性最佳，其在 120～180℃ 下显示接近100% 的脱硝率。

Cai 等[130]为了改善 MnO_x 催化剂抗 SO_2 性能较弱的缺点，制备了多壳层的 Fe_2O_3@MnO_x@CNTs 催化剂。结果表明，多壳层结构能增加催化剂的活动氧和还原类物质以及对反应物的吸附，这带来了催化剂的高活性。此外，Fe_2O_3 壳层能够抑制硫酸盐的生成，进而提高催化剂的抗 SO_2 性能。

（5）基于埃洛石纳米管载体的催化剂

埃洛石纳米管（HNTs）的应用范围涉及生物医药、材料、吸附储能、催化等多个领域。HNTs 被集中应用于药物载体、药物运输、增强抗菌性、防腐等方面的主要原因是它独特的纳米管腔结构和生物相容性并且无毒无害。HNTs 还被医学领域科研人员拿来作为药物的相关载体驱使消炎药 5-氨基水杨酸在大肠中靶向释放。HNTs 由于具有一定的纤维增强功能，致使它在材料领域可以作为制备超薄精细陶瓷的一种十分理想的原料。HNTs 和一些传统的材料相比，具有良好的分散性和相容性，这些性质的综合作用使其能有效地提高聚合物的力学性能、增强聚合物的阻燃性及提升物质的热稳定性，另外其适用于制备密封剂、驱虫剂等产品，因此适用范围较广。埃洛石纳米管的表面羟基、比表面积和表面电荷使其在吸附储藏领域具有更独特的吸附能力。它的中空管状结构在催化剂中具有独特作用，除此之外它极强的表面极性和相对较大的比表面积优势对储氢的相关技术研究也是非常有利的，可以借助它的特性通过温和简单的物化处理方式去开发新的、更便宜的储能材料。埃洛石纳米管的矿物质表面富含的羟基可以通过提高酸性活性位点进行改性处理，达到提升催化剂活性的功效，使其在工业催化行业中得到了广泛的应用。研究表明，各种微粒可以很容易地负载在 HNTs 上，通过负载合成的催化剂在具备纳米效应的同时，一定程度上可以提高催化剂的活性和选择性。利用这种原理，将催化剂负载在 HNTs 上会出现比表面积增大的催化剂转变，这种转变会使催化剂与反应气体互相接触的机会增大，增大接触面积促进催化效率提高。并且，将经过改性的 HNTs 使用在月桂酸的酯化反应中，发现对于反应的催化效果显著并且还可以将其重复使用。综合整体的使用以及调整改进情况来看，作为一种催化剂载体，埃洛石纳米管非常有应用前景。

Mn 基脱硝催化剂的研究现状表明，载体、活性组分和制备方法对 SCR 活性和抗 SO_2 性能影响较大。值得说明的是，负载于 CNTs、HNTs 等载体的 Mn 基催化剂具有较好的低温活性；引入 Fe 和 Ir 后，Mn 基催化剂的活性和抗 SO_2 性能会提高；催化剂制备方法具有操作简单和安全等优点。

为此，本书对温和制备方法得到的一系列一元、二元和三元 Mn 基低温脱硝催化剂的结构进行了 XRD（X 射线衍射）、TEM（透射电子显微镜）和 XPS（X 射线光电子能谱）等分析表征，对其脱硝性能、长周期和循环稳定性能进行了分析，构建了催化剂的结构与性能之间的构效关系，为相关脱硝催化剂的研究和应用提供了一定理论和数据支撑。本书具体的研究内容如下：

① 基于高锰酸钾与氯化铁之间的室温氧化还原沉淀法，实现 Mn-FeO_x 双金属活性组分于 CNTs 载体表面的原位负载，一步完成高价态、弱结晶型 MnO_2 和 Fe_2O_3 活性组分的制备，赋予 Mn-FeO_x 基催化剂优良低温脱硝活性和抗 SO_2 性能；聚多巴胺（PDOPA）仿生材料改性，提供一种温和、无酸改性 CNTs 的方法，为 CNTs 的二次修饰提供功能化平台，实现 Mn-FeO_x/PDODA@PPS（PPS 为聚苯硫醚）催化剂的原位制备，构建低温 SCR 活性、抗 SO_2 性能及循环和长周期稳定性优良的脱硝催化剂。

② 利用表面活性剂的改性作用，结合高锰酸钾与乙酸锰或高锰酸钾与氯化铁之间的氧化还原反应，实现活性组分于 PPS 滤料表面的原位负载，

制备了 MnO_2/PPS 和 Mn-FeO_x/PPS 脱硝除尘滤料，赋予 PPS 除尘滤料脱硝功能。

③ 基于高锰酸钾与氯化铁之间的反应机理，结合 IrO_x 金属氧化物出色的抗 SO_2 性能，完成了二元 Ir-$MnO_x/HNTs$ 和三元 Ir-Mn-$FeO_x/HNTs$ 催化剂的制备，提升了催化剂的抗 SO_2 性能，为二元、三元相关催化剂的制备提供一定理论和数据支撑。

第 2 章
脱硝催化剂脱硝率测试
及表征方法

2.1　脱硝催化剂脱硝率测试

（1）SCR 评价系统

SCR 评价系统主要由模拟烟气系统、流量和反应温度控制系统、SCR 反应系统和气体检测系统构成。在 80～180℃，模拟烟气经充分混合后进行 SCR 反应，并检测相关气体浓度（图 2-1）。

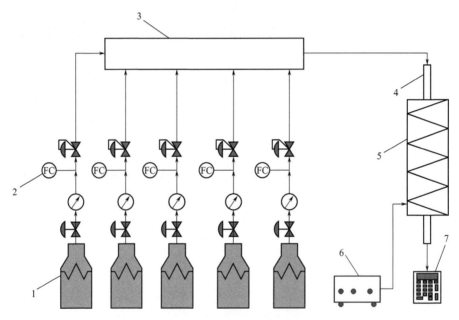

图 2-1　SCR 评价系统示意图

1—气瓶；2—质量流量控制器；3—气体混合器；4—反应管；
5—管式炉；6—温度控制器；7—烟气分析仪

① 模拟烟气系统

模拟烟气系统主要由 N_2（99.99%）、O_2（99.99%）、NO（99% N_2 ＋ 1% NO）、NH_3（99% N_2 ＋1% NH_3）和 SO_2（99% N_2 ＋1% SO_2）等模拟烟气组成。为避免 NO、NH_3 和 SO_2 等气体带来的腐蚀影响，选用不锈钢材质减压阀对其进行调压，而 O_2 和 N_2 采用普通减压阀。此外，管路之间的连接选用聚四氟乙烯软管［内径(ID)＝1mm］和橡胶软管（ID＝10mm）连接。

②流量和反应温度控制系统

气体流量和反应温度控制系统主要是为了实现气体的流量可控和 SCR 反应温度的可调：气体流量的控制主要通过质量流量控制器（D07-7C）和流量显示仪（D08-4F）来实现，反应温度的调节主要采用热电偶（K 型）和温控仪（10122A）来完成。

③SCR 反应系统

SCR 反应器材质为定制的不锈钢反应管［外径（OD）＝38mm，内径（ID）＝28mm］，反应管与模拟烟气系统用橡胶管连接。此外，使用管式炉对 SCR 反应器进行加热，其功率为 4000 kVA。为维持反应器温度的恒定，管式炉外围包覆石英棉保温层。

④气体检测系统

烟气分析仪（KANE，KM-950）用来检测气体含量，其配备有 O_2、NO、NO_2 和 SO_2 传感器，对应的分辨率分别为 0.1%、10^{-6}、10^{-6} 和 10^{-6}。

（2）脱硝率测试

脱硝率测试所用气体包含 NO、NH_3、O_2 和 N_2，其中 $[NO]=[NH_3]=400\sim550mg/m^3$，$O_2=5\%$，$N_2$ 为平衡气，气体总流量为 $700mL/min$。脱硝率测试的温度区间为 $80\sim300℃$，出入口的气体含量由 KM-950 烟气分析仪检测，且记录的是 SCR 反应稳定 30min 后的数据。

催化剂和脱硝滤料的脱硝率由以下公式求得，其中 $[NO_x]=[NO+NO_2]$，$[NO_x]_{in}$ 和 $[NO_x]_{out}$ 分别为入口和出口的 $NO+NO_2$ 浓度。

$$脱硝率=\frac{[NO_x]_{in}-[NO_x]_{out}}{[NO_x]_{in}}\times100\%$$

催化剂和脱硝滤料的测试方法：测试粉末催化剂时，需将一定量的催化剂封装在 PPS 滤料（OD＝38mm）内，然后固定于反应管测试；测试脱硝滤料时，直接将其裁剪为圆片（OD＝38mm）即可测试。

2.2　脱硝催化剂的表征方法

（1）场发射扫描电子显微镜（FESEM）

采用德国蔡司的 FESEM 来观察样品的微观形貌，其型号为 ZEISS

SUPRA55。此外，该 FESEM 配备英国牛津 X 射线能量色散谱仪，其型号为 X-Max50，电子束能量为 10keV，分辨率为 127eV。

（2）X 射线衍射（XRD）

使用荷兰帕纳科公司（Panalytical）的 X'Pert Pro MPD 型 X 射线衍射仪对样品进行物相分析，其配有 Cu 靶，发射 Kα 射线（$\lambda =$ 0.15406nm），扫描范围（2θ）介于 5°～80°，速度为 8°/min，步长为 0.01°。

（3）X 射线光电子能谱（XPS）

样品的表面元素组成、相对含量和价态由美国赛默飞世尔（Thermo Scientific）公司的 X 射线光电子能谱仪获得，其型号为 ESCALAB250，且配备 Al/Mg 双阳极靶，能量分辨率为 0.6eV，元素检出限为 0.1%。此外，荷电校准以 C 1s 的结合能（284.6eV）为标准进行校准。

（4）透射/扫描透射电子显微镜（TEM/STEM）

美国 FEI 公司的 TEM（TECNAL-G2F20）用来观测样品的微观形貌，其点分辨率为 0.24nm，高分辨 STEM 分辨率为 0.2nm。此外，采用日本电子的 TEM（JEM 2010 EX）对部分试样的微观形貌进行观测，其点分辨率为 0.19nm，晶格分辨率为 0.19nm。

（5）程序升温还原（H_2-TPR）

天津先权公司的动态吸附仪（TP-5076）用来分析所制备催化剂的氧化还原能力，测试所用还原气体由 6% H_2 和 94% N_2 组成，温度介于 50～800℃范围，升温速率为 10℃/min，气体流速为 30mL/min。

（6）氮气吸附-脱附测试

样品的 N_2 吸附-脱附数据（吸脱附等温线、比表面积和孔体积等）由美国麦克公司的 3Flex 型吸附仪来获得，其中比表面积数据的获得基于 Brunauer-Emmett-Teller（BET）方法，孔径分布曲线来源于脱附数据。

（7）结合强度测试

将脱硝滤料裁剪成圆片（OD=38mm），然后将其置于脱硝反应器中，并通入 2000mL/min 的 N_2 共计 5h，随后取出滤料称重，并根据吹扫前后脱硝滤料负载量的变化来研究其结合强度。

（8）热重分析

采用 STA-449C 型同步热分析仪（德国 Netzsch）对催化剂粉末进行测试，研究样品升温过程中质量变化，测试温度范围为室温～800℃，样品在空气气氛下以 10℃/min 的速率进行升温，并记录样品质量随温度变化的曲线。

第 3 章
单锰氧化物脱硝催化剂

3.1 引言

固定源排放的氮氧化物（NO、NO_2）会导致臭氧层破坏、酸雨、光化学烟雾和温室效应等环境问题[26]。氨气选择性催化还原 NO_x 作为一种成熟脱硝技术得到了商用，其核心是催化剂。商业化的 V_2O_5-WO_3（MoO_3）/TiO_2 催化剂运行温度窗口高（300～400℃）且存在具有毒性（V 基催化剂）等问题[131]。此外，商用 V 基催化剂和现有 SCR 催化剂的制备过程主要涉及复杂的高温煅烧和高压水热处理，这不利于催化剂的制备。

MnO_x 的多种可变价态利于其进行氧化还原反应，使其成为低温 SCR 催化剂的研究热点[97,132]，其可制备低温 SCR 活性优良的催化剂，例如 Al_2O_3[133-134]、TiO_2[106,135] 和 CeO_2[97-98] 等负载锰的复合氧化物催化剂。但是，上述 MnO_x 催化剂的制备主要用到高温煅烧和高压水热处理方法，这存在制备过程复杂和不利于大规模生产等问题。基于此，设计一种简单的制备方法获得低温 SCR 活性优良的催化剂具有重要前景。

碳纳米管（CNTs）具有较大的比表面积和长径比及独特的 π 电子云结构，使其在脱硝催化领域有广泛的应用[130,136]。但是，其所制备的催化剂活性温度窗口主要位于 200～300℃[137-138]，这高于经过除尘和脱硫后的尾气温度（＜200℃）。为此，如何制备 200℃ 以下活性出色的脱硝催化剂仍是研究的重点。

源自固定源的粉尘作为另外一种主要大气污染物，会引起诸多环境和人体健康问题。因此，用于固定源尾气的静电和袋式除尘技术得到了研究和应用[139]，其中袋式除尘技术具有高效率和低成本优势，这使其在固定源除尘领域得以应用。用于制备袋式除尘器的纤维主要有聚丙烯、聚丙烯腈、聚醚、聚酰胺、聚四氟乙烯（PTFE）和聚苯硫醚（PPS）等[140]。由于 PPS 纤维具有较高的机械强度、耐酸碱和溶剂[141]，使其广泛地用于制备袋式除尘器。固定源尾气中除了含有粉尘，还含有能导致酸雨、光化学烟雾、臭氧破坏和温室效应等问题的 NO_x（$x=1$，2）。因此，用于固定源尾气中 NO_x 脱除的技术得到了广泛的研究和应用。作为一种成熟的技术，氨气选择性催化还原一氧化氮技术得到了商业化应用。基于以上内容可知，PPS 袋式除尘和 SCR 脱硝技术分别被广泛用于固定源除尘和脱硝领域，但它们都仅有单一的除尘或脱硝功能。因此，开发一种同步除尘脱硝技术非常重要。

为实现同步除尘脱硝，研究人员制备了一系列 SCR 活性优良的脱硝滤袋[142-145]。但是，上述脱硝滤袋的制备方法主要由 SCR 催化剂的制备和 SCR 催化剂负载到滤料两步组成，存在操作不够简便、活性组分负载不均匀和负载不牢固等问题。鉴于此，研究和开发简单的一步合成法得到负载均匀、牢固的脱硝滤袋具有重要的理论和现实意义。

基于上述催化剂和袋式除尘器存在的问题，本章采用简单的柠檬酸法制备了低温（< 200℃）活性优良的 MnO_x/CNTs-CA 催化剂，该方法实现了 MnO_x 组分在 CNTs 表面的一步原位负载，且无须高温煅烧和高压水热处理。

基于现有脱硝滤料制备过程中存在的问题，本章利用高锰酸钾与乙酸锰之间的室温氧化还原反应及改性剂（MF）的改性作用将活性组分原位负载到 PPS 除尘滤料表面，得到综合性能优良的 MnO_2/PPS-MF 同步脱硝除尘滤料。该制备方法具有简单、温和、无须酸碱处理等优点。

3.2　MnO_x/CNTs-CA 脱硝催化剂

3.2.1　MnO_x/CNTs-CA 脱硝催化剂的制备

（1）碳纳米管的酸化

碳纳米管（CNTs）在使用前要对其进行酸化处理，其步骤如下：在 250mL 圆底烧瓶中加入 3g CNTs 和 150mL 浓硝酸并在 140℃下回流 4h，然后对酸化过的 CNTs 进行抽滤、水洗和乙醇洗，随后将洗涤至中性的滤饼在 80℃下真空干燥 24h，最后将干燥后的 CNTs 研磨成粉末（酸处理 CNTs）备用。

（2）MnO_x 活性组分的负载

将 0.3g 酸处理 CNTs、0.15g $KMnO_4$ 和 150mL 去离子水置于圆底烧

瓶中并超声 20min，然后加入 20mL（38mmol/L）的柠檬酸溶液并在 80℃下反应 10h，随后对得到的固体进行过滤、水洗和醇洗，最后对得到的滤饼进行真空干燥得到 y MnO$_x$/CNTs 催化剂（y 代表高锰酸钾与 CNTs 的摩尔比）。

3.2.2　MnO$_x$/CNTs-CA 脱硝催化剂的 N$_2$ 吸附-脱附性能

N$_2$ 吸附-脱附用来分析负载活性组分前后 CNTs 基试样的 BET 比表面积、孔体积和平均孔径的变化。由表 3-1 可知，原始 CNTs 的 BET 比表面积为 63.2m^2/g，而酸处理 CNTs 的 BET 比表面积增大为 95.7m^2/g，表明酸化有助于提高催化剂的 BET 比表面积，这利于活性组分的负载。负载活性组分后所得到的 CNTs 基催化剂的 BET 比表面积都增大，这归因于活性组分在 CNTs 表面的高分散性。高分散性的活性组分有利于 NH$_3$ 和 NO$_x$ 的吸附[96]，进而提高催化剂的活性。

表 3-1　CNTs 基试样的 BET 比表面积、孔体积和平均孔径

试样	比表面积/(m^2/g)	孔体积/(cm^3/g)	平均孔径/nm
原始 CNTs	63.2	0.2057	13.92
酸处理 CNTs	95.7	0.2783	12.02
2% MnO$_x$/CNTs-CA	104.7	0.2793	10.58
4% MnO$_x$/CNTs-CA	106.9	0.2687	9.23
6% MnO$_x$/CNTs-CA	109.3	0.2588	7.96
8% MnO$_x$/CNTs-CA	114.6	0.2284	8.02

3.2.3　MnO$_x$/CNTs-CA 脱硝催化剂的 XRD 分析

XRD 用来分析试样中的化学成分及结晶状态，相应的结果见图 3-1。由图可知，所有试样在 26.1°、42.6°、53.9° 和 77.6° 处有明显的衍射峰，这归属于典型的石墨峰[131]。对比原始 CNTs 和酸处理 CNTs 的图谱可知，经酸处理后 CNTs 的典型衍射峰较原始 CNTs 有所增强，这可能得益于

酸处理除去了 CNTs 表面的杂质。负载活性组分后，能在催化剂试样上观测到 Mn_3O_4 的衍射峰，表明形成了 Mn_3O_4 活性组分。值得说明的是，随着负载量的增加，Mn_3O_4 的衍射峰数目减少且强度减弱，这可能归因于形成了高分散或弱结晶型的 Mn_3O_4 活性组分。通常情况下，高分散或弱结晶型的活性组分有利于提高催化剂的 SCR 活性。此外，CNTs 的典型衍射峰也随着负载量的增加而减弱，也说明 Mn_3O_4 和 CNTs 间可能存在相互作用[136]。

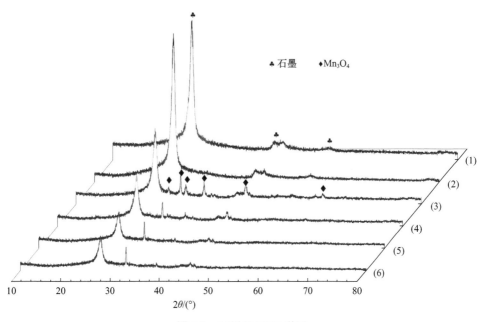

图 3-1　试样的 XRD 谱图
(1) 原始 CNTs；(2) 酸处理 CNTs；(3) 2% MnO_x/CNTs-CA；
(4) 4% MnO_x/CNTs-CA；(5) 6% MnO_x/CNTs-CA；
(6) 8% MnO_x/CNTs-CA

3.2.4　MnO_x/CNTs-CA 脱硝催化剂的 FESEM 分析

FESEM 用来表征催化剂的微观结构及形貌，相应的结果见图 3-2。对于酸处理 CNTs，其呈现光滑的外表面。负载活性组分后，在 6% MnO_x/CNTs-CA 催化剂的表面能观测到颗粒状物，说明活性组分已负载于 CNTs 表面。此外，在 CNTs 表面没有发现明显的团聚物，表明活性组分的高分散性，这关联于 BET 比表面积结果。EDS（能量色散 X 射线谱）能检测到 Mn、O 和 C 元素信号，表明形成了 MnO_x 活性组分。

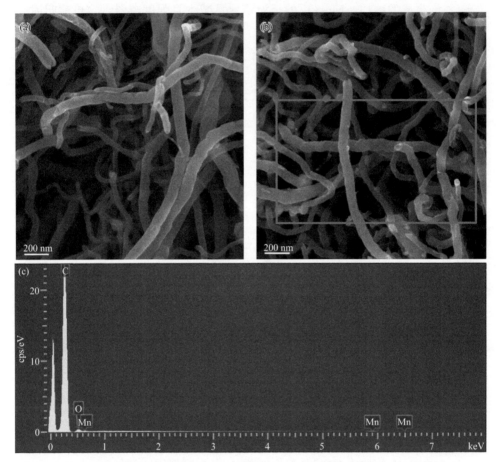

图 3-2　试样的 FESEM 分析图和 EDS 谱图：（a）酸处理 CNTsFESEM 分析图；（b）6% MnO_x/CNTs-CA FESEM 分析图；（c）EDS 谱图［来自（b）的矩形区域］

3.2.5　MnO_x/CNTs-CA 脱硝催化剂的 TEM 分析

TEM（透射电子显微镜）用来进一步表征试样的微观形貌。由图 3-3（a）可知，酸处理 CNTs 具有干净的外表面，这与 FESEM 分析结论一致。负载活性组分后，6% MnO_x/CNTs-CA 试样的表面变粗糙且能观测到颗粒物，表明有活性组分负载于 CNTs 表面，这对应于 FESEM

分析结果。需要指出的是，颗粒物上能检测到明显的晶格条纹，其对应的晶面间距为 0.4921nm，表明生成了 Mn_3O_4 活性组分，这对应于 XRD 分析结论。

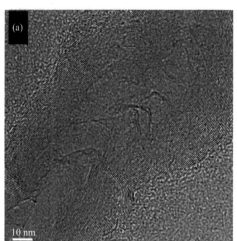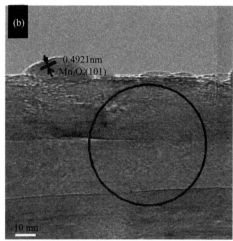

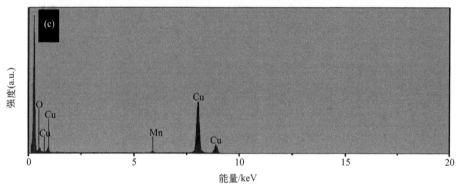

图 3-3　试样的 TEM 分析图和 EDX 谱图：（a）酸处理 CNTs 的 TEM 分析图；（b）6% MnO_x/CNTs-CA 的 TEM 分析图；（c）EDX 谱图［来自（b）的环形区域］

3.2.6　MnO_x/CNTs-CA 脱硝催化剂的 XPS 分析

催化剂表面的原子浓度和元素价态用 XPS 来分析，相应的结果见图 3-4。对于 Mn 2p 图谱，经过峰拟合去卷积，Mn 2p 被分为三个特征峰，其分别归属于 Mn^{2+}（640.4eV）、Mn^{3+}（642.1eV）和 Mn^{4+}（643.1eV）[146]，表明形成了 MnO_2、Mn_2O_3 和 MnO 活性组分，而

Mn_2O_3 和 MnO 活性组分的含量较 MnO_2 高，这关联于 XRD 和 TEM 分析结论。

经分峰处理，O 1s 谱能分为三个特征峰，其中峰中心位于 529.6eV 的对应于晶格氧（标记为 O_L），峰区间位于 529.6~537eV 的归属于表面氧（定义为 O_S）[127]。此外，O_S 的相对含量比 [$O_S/(O_S + O_L)$] 达到 67.2%。通常情况下，表面氧（O_S）具有较高的移动性，这有利于 NO 转化为 NO_2，进而促进"快速 SCR"反应[147]。

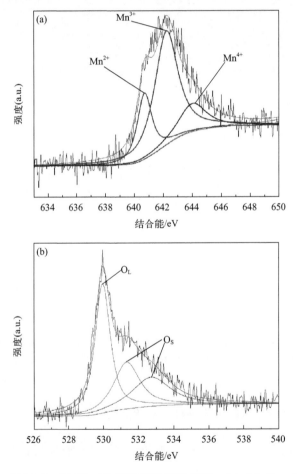

图 3-4　6% MnO_x/CNTs-CA 催化剂的 XPS 图谱：（a）Mn 2p；（b）O 1s

3.2.7　MnO$_x$/CNTs-CA 脱硝催化剂的脱硝率分析

图 3-5 是催化剂的脱硝率结果。负载活性组分后，所制备的催化剂在 120～180℃间的脱硝率达到 38.6%～72.0%，呈现良好的脱硝活性，表明 MnO$_x$ 活性组分在脱硝过程中发挥了重要作用。随着 MnO$_x$ 负载量的增加，催化剂的脱硝活性呈现递增趋势（除了 8% MnO$_x$/CNTs-CA），说明活性组分的负载量会影响催化剂的活性。值得说明的是，6% MnO$_x$/CNTs-CA 在测试温度范围内取得了最佳的低温活性，其在 80～180℃间的脱硝率达到 41.1%～72.0%，这关联于 FESEM 和 XPS 分析结果。

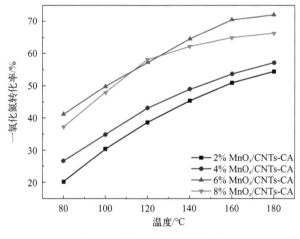

图 3-5　催化剂的脱硝率结果

3.2.8　MnO$_x$/CNTs-CA 脱硝催化剂的循环和长周期稳定性能测试

催化剂的循环和长周期稳定性是评价催化剂性能的重要参数。由循环稳定性测试结果［图 3-6(a)］可知，最佳催化剂（6% MnO$_x$/CNTs-CA）经三次循环后，其催化活性没有明显的降低趋势，且呈现稳定的催化活性，表明其具有较好的循环稳定性。对于长周期稳定性［图 3-6(b)］，6% MnO$_x$/CNTs-CA 催化剂经 6h 的长周期测试，其脱硝活性基本维持在初始水平（72.0%），说明其具有良好的长周期稳定性。

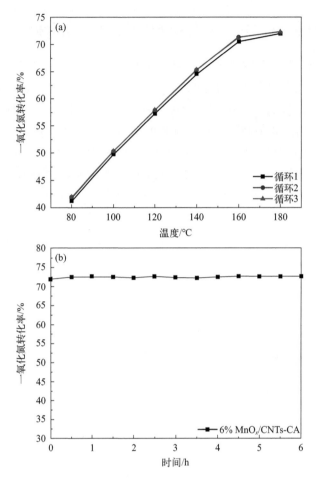

图 3-6　6% MnO$_x$/CNTs-CA 催化剂的循环和长周期稳定性测试结果

3.3　MnO$_2$/PPS 同步脱硝除尘滤料

3.3.1　MnO$_2$/PPS 同步脱硝除尘滤料的制备

将直径为 40mm 的聚苯硫醚（PPS，克重＝500g/m^2）圆片置于一定浓度的十二烷基苯磺酸钠溶液中超声 1h；然后，加入一定量乙酸锰连续搅拌 8h；随后加入一定浓度的高锰酸钾溶液 50mL，在室温下反应 12h；接着对得到的样品进行水洗、乙醇洗，并在 100℃干燥 12h。所制备的复合滤料记为 y MnO$_2$/PPS，其中 y（负载量）代表 [KMnO$_4$ + Mn(CH$_3$COO)$_2$]/PPS（质量比）。

3.3.2　MnO$_2$/PPS 同步脱硝除尘滤料的脱硝率分析

脱硝率用来研究所制备的催化剂的催化活性。由图 3-7 可知，随着温度升高，所制备的同步脱硝除尘滤料脱硝率逐步升高，温度与脱硝率线性关系良好；随着活性组分负载量增加，MnO$_2$/PPS 同步脱硝除尘滤料的脱硝率逐步上升（负载量从 0.4 到 1.0），且所制备的同步脱硝除尘滤料的脱硝率在 80～180℃ 之间达到 20%～100%。当 y = 1.0 时，1.0 MnO$_2$/PPS 同步脱硝除尘滤料在测试温度范围内获得最佳的脱硝活性，其脱硝率达到 41.2%～100%（80～180℃）。

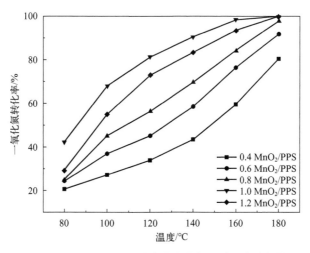

图 3-7　MnO$_2$/PPS 同步脱硝除尘滤料的脱硝率分析结果

3.3.3　1.0 MnO$_2$/PPS 同步脱硝除尘滤料的 FESEM 分析

为了研究活性组分的负载形态，对所制备的同步脱硝除尘滤料用 FESEM 进行观测和分析。FESEM 分析图 [图 3-8(a)～(c)] 显示，负载活性组分后 [图 3-8(a)]，能在 PPS 表面观察到颗粒状物质，且在视图

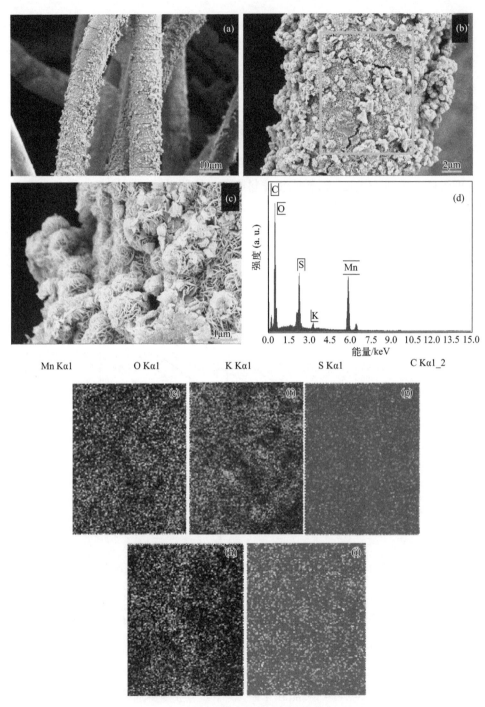

图 3-8　1.0 MnO$_2$/PPS 同步脱硝除尘滤料的相关分析图谱

区域的 PPS 滤料表面都能观察到颗粒状物质，表明活性组分负载均匀。由图 3-8（b）可知，负载于 PPS 表面颗粒状活性组分的尺寸主要集中在 $1\mu m$ 左右。进一步放大 FESEM 分析图［图 3-8(c)］可以看出颗粒状活性组分主要呈现绣球状，绣球状活性组分主要通过微米尺寸的片状物堆积而成，且绣球状颗粒物上存在大量的空洞，这为脱硝催化反应提供了场所。

为了进一步研究所生成活性组分的组成，利用 EDS 分析了活性组分的元素组成［图 3-8(d)～(i)］。EDS 能够检测到 K、Mn、O、S 和 C 元素，表明 K、Mn、O、S 和 C 元素的存在。

3.3.4　MnO_2/PPS 同步脱硝除尘滤料的 XRD 分析

为了说明所制备的同步脱硝除尘滤料的组成，利用 XRD 对样品进行了分析。XRD 谱图（图 3-9）上有显著的归属于 PPS 滤料的典型衍射峰。

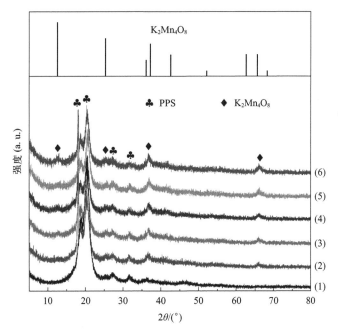

图 3-9　MnO_2/PPS 同步脱硝除尘滤料的 XRD 谱图
（1）PPS；（2）0.4 MnO_2/PPS；（3）0.6 MnO_2/PPS；（4）0.8 MnO_2/PPS；
（5）1.0 MnO_2/PPS；（6）1.2 MnO_2/PPS

负载活性组分后，在所有的同步脱硝除尘滤料上能检测到隶属于 PPS 的衍射峰，表明该同步脱硝除尘滤料的制备方法和活性组分对 PPS 的结构影响不大。负载活性组分后，归属于 PPS 的典型衍射峰强度减弱，这归因于活性组分与 PPS 之间的相互作用。要指出的是，负载活性组分后，能在所制备的同步脱硝除尘滤料上检测到对应于 $K_2Mn_4O_8$ 的衍射峰，表明生成了 $K_2Mn_4O_8$ 活性组分。

3.3.5 1.0 MnO₂/PPS 同步脱硝除尘滤料的热重分析

工况情况下，同步脱硝除尘滤料的热稳定性和活性组分的热稳定性决定其使用寿命和性能。因此，通过热重分析研究了同步脱硝除尘滤料的热稳定性能。由图 3-10 可知，对于 PPS 滤料，其在 450℃以下不存在显著失重现象，呈现优良的热稳定性。此外，PPS 滤料在 780℃时的残炭含量为 40%，主要是高温过程中 PPS 转换来的。负载活性组分后，所制备的 1.0 MnO₂/PPS 同步脱硝除尘滤料在 450℃之前与 PPS 滤料呈现基本一致的热稳定性，表明负载活性组分对 PPS 滤料本身热稳定影响小，且说明本

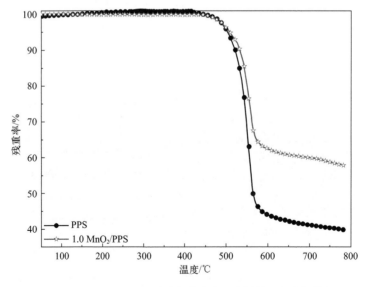

图 3-10   1.0 MnO₂/PPS 同步脱硝除尘滤料的 TG 分析结果

同步脱硝除尘滤料对 PPS 滤料的性能影响小。再者，$1.0\,MnO_2/PPS$ 同步脱硝除尘滤料在 780℃时残炭含量为 57%，高于 PPS 滤料在相同温度时的残炭含量，主要原因是活性组分的负载，这与 FESEM 和 XRD 分析结果相关联。

3.3.6　$1.0\,MnO_2/PPS$ 同步脱硝除尘滤料的力学性能测试

在实际应用过程中，滤料的力学性能决定材料能否长周期使用。为此，通过拉伸强度测试分析了滤料的力学性能。结果显示（图 3-11），负载活性组分后，$1.0\,MnO_2/PPS$ 同步脱硝除尘滤料的横向拉伸强度（横向延伸率）和纵向拉伸强度（纵向延伸率）分别为 10.96MPa（23.86%）和 8.84MPa（18.91%），基本与 PPS 滤料相应力学性能一致，表明负载活性组分后材料的力学性能相对稳定，有助于材料的长周期运行。

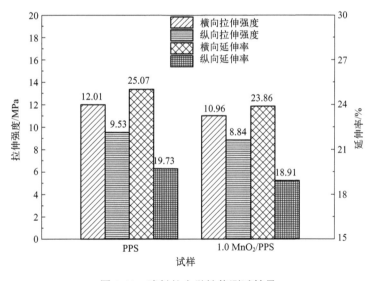

图 3-11　滤料的力学性能测试结果

3.3.7　$1.0\,MnO_2/PPS$ 同步脱硝除尘滤料的结合强度性能测试

活性组分与 PPS 滤料的结合强度影响同步脱硝除尘滤料的脱硝效果。

由图 3-12 可知，经过 6h 吹扫，1.0 MnO$_2$/PPS 同步脱硝除尘滤料的活性组分负载量基本维持在 130g/m^2，与初始状态基本一致，表明活性组分与 PPS 滤料结合牢固。

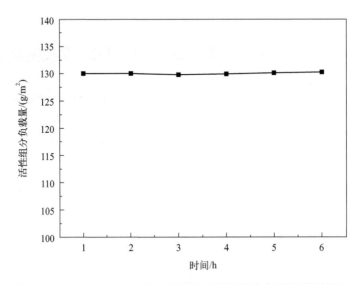

图 3-12　1.0 MnO$_2$/PPS 同步脱硝除尘滤料的结合强度测试结果

3.3.8　1.0 MnO$_2$/PPS 同步脱硝除尘滤料的循环和长周期稳定性能测试

在实际应用过程中，同步脱硝除尘滤料的循环和长周期稳定性影响其使用周期和运行成本，因此需要研究同步脱硝除尘滤料的循环和长周期稳定性能。图 3-13（a）显示，1.0 MnO$_2$/PPS 同步脱硝除尘滤料经过三个周期的循环测试，其脱硝率基本与第一次循环持平，具有较好的循环稳定性。经过 6h 的长周期稳定性测试［图 3-13(b)］，1.0 MnO$_2$/PPS 同步脱硝除尘滤料的脱硝率基本保持不变，具有良好的长周期稳定性。要说明的是，同步脱硝除尘滤料良好的循环和长周期稳定性有利于其稳定运行。

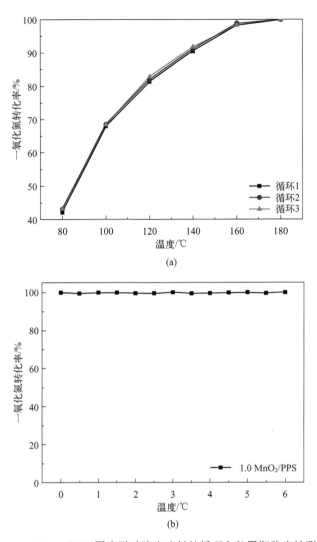

图 3-13　1.0 MnO$_2$/PPS 同步脱硝除尘滤料的循环和长周期稳定性测试结果

3.4　小结

①利用柠檬酸法实现了 MnO$_x$ 活性组分在 CNTs 表面的一步原位负载，所制备的 MnO$_x$/CNTs-CA 催化剂在 120～180℃间的脱硝率达到

38.6%～72.0%。6% MnO_x/CNTs-CA 催化剂在 80～180℃（测试温度范围内）间显示最佳的低温活性，其脱硝率达到 41.1%～72.0%，且其具有较好的循环和长周期稳定性，这可能得益于催化剂的高分散性和高的表面氧相对含量。

② 基于高锰酸钾与乙酸锰之间的室温氧化还原反应，结合改性剂改性作用，实现了 MnO_2/PPS 同步脱硝除尘滤料的制备，该制备方法具有温和、不产生酸碱废水、对 PPS 滤料力学性能影响小等优点。基于上述制备方法制备了 MnO_2/PPS 同步脱硝除尘滤料，其在 80～180℃之间脱硝率达到 20%～100%。其中，性能最佳的 1.0 MnO_2/PPS 同步脱硝除尘滤料在测试温度范围内脱硝率达到 41.2%～100%（80～180℃），且其具有出色的纵横向拉伸强度、循环和长周期稳定性能。

第4章
复合型锰氧化物基脱硝催化剂

4.1 引言

固定源排放的氮氧化物（NO、NO_2）会引起酸雨、臭氧破坏、温室效应和光化学污染等环境问题。为此，一系列氮氧化物脱除技术得到了研发和应用，其中氨气选择性催化还原氮氧化物（NH_3-SCR）技术已广泛用于固定源脱硝领域。但是，V_2O_5-WO_3（MoO_3）催化剂作为 NH_3-SCR 技术的核心，存在 V 基催化剂有毒和运行温度窗口高（300～400℃）等缺点。此外，尾气经脱硫和除尘后的温度通常低于 200℃，这低于商用 V 基脱硝催化剂较高的工作温度窗口。因此，研发 200℃ 以下脱硝活性优良的催化剂具有重要理论和现实意义。

基于锰氧化物（MnO_x）和铁氧化物（FeO_x）活性组分优良的催化性能，其在低温脱硝催化领域得到了广泛研究，例如 MnO_x、FeO_x、Mn-FeO_x 等低温脱硝催化剂。但是，上述催化剂的制备过程通常涉及高温或高压处理，存在实验操作复杂和安全性不高等问题。为此，开发简单、温和的二元 Mn-FeO_x 低温脱硝催化剂的制备方法具有重要研究价值。

为改善一元 MnO_x/CNTs-CA 催化剂的低温脱硝活性，研究人员采用掺杂过渡金属元素的方法制备了低温活性良好的二元 Mn-FeO_x[56,95,109] 和 Mn-CeO_x[127,146] 等催化剂。然而，现有低温脱硝催化剂的研究主要是在 MnO_x 中掺杂 Fe 和 Ce 等元素，对 Mn-CuO_x 复合催化剂的研究较少。

将 MnO_x 和 FeO_x 混合氧化物活性组分负载于载体能得到综合性能提升的脱硝催化剂 Mn-FeO_x/TiO_2、Mn-FeO_x/ZSM-5 和 Mn-FeO_x/ACF 等。碳纳米管（CNTs）具有特殊的一维管状结构，优良的电子传导、物理和化学性能，使其在催化载体领域得到了关注。但是，CNTs 的惰性表面通常需要浓酸（H_2SO_4、HNO_3）或浓碱（NaOH、KOH）来改性，这会带来废液污染。因此，如何利用环保的实验方案实现惰性 CNTs 的表面改性具有重要的研究意义。

固定源除排放有毒 NO_x 外，还排放 $PM_{2.5}$、PM_{10} 等有害颗粒物。鉴于袋式除尘技术运行成本低、除尘效率高等优点，其在除尘领域得到了广泛的研究和应用[142]。但是，现有的脱硝和袋式除尘装置通常为两套独立装置，存在占用场地大、投资成本高等问题。因此，研究和开发固定源尾气的同步脱硝和除尘技术具有重要的理论和应用前景。

为解决固定源尾气同步脱硝除尘技术存在的难点，科研人员进行了大量研究工作。Fino 等[148]采用浸渍法将 $MnO_x \cdot CeO_2$ 和 $V_2O_5 \cdot WO_3 \cdot TiO_2$ 活性组分负载到滤袋和陶瓷泡沫，制备了性能优良的同步脱硝除尘滤袋。Lu 等[149]通过浸渍法将预制好的 CuO 活性组分负载于活性炭，得到的同步脱硝除尘材料脱硝率和除尘率分别达到 $58\% \sim 61\%$ 和 $82\% \sim 86\%$。Yang 等[142]用真空抽滤法制备了 $Mn\text{-}La\text{-}Ce\text{-}N\text{-}O_x$/PPS 催化滤料，该催化滤料在 200℃的脱硝率达到 95%。Kang 等[143]借助真空抽滤法，实现了 MnO_x 活性组分在滤料表面的负载，得到了 150℃下脱硝率达到 92.6%的复合滤料。为克服浸渍法和真空抽滤法制备方法复杂、活性组分负载不均匀等问题，Zheng 等[144]利用聚吡咯（PPy）对滤料进行改性，结合高锰酸钾与乙酸锰之间的氧化还原反应在滤料表面原位生成了均匀的 MnO_2 组分，制备的 MnO_2/PPy@PPS 滤料在 $160 \sim 180$℃显示超过 70%的脱硝率。要说明的是，现有同步脱硝除尘滤料主要采用超声浸渍法和负压抽滤法制备。此类制备方法需要分步进行，存在过程复杂、活性组分负载不均匀等问题。因此，采用简单温和的负载方法获得高活性、均匀负载的脱硝功能滤料是现阶段同步脱硝除尘滤料研究的重点和难点。

基于现有一元锰氧化物基脱硝催化剂存在的问题和现阶段同步脱硝除尘滤料存在的问题，笔者通过掺杂 Cu 元素的方式制备了具有较好低温脱硝活性的 $Mn\text{-}CuO_x$/CNTs 催化剂；利用盐酸多巴胺的室温聚合（pH=8），实现惰性 CNTs 的温和、环保改性，在 CNTs 表面原位形成二次功能化平台。结合高锰酸钾与氯化铁之间的氧化还原反应在 CNTs 表面原位生成活性组分，得到 200℃以下低温活性优良的脱硝催化剂；采用表面活性剂改性聚苯硫醚（PPS）滤料，并结合高锰酸钾和氯化铁之间的氧化还原反应，实现 MnO_x 和 FeO_x 活性组分于 PPS 滤料表面的原位负载，制备 $Mn\text{-}FeO_x$/PPS 脱硝复合滤料。上述方法制备的脱硝催化剂和脱硝滤料具有活性优良、活性组分负载均匀等特点，为同步二元锰氧化物及脱硝催化剂和脱硝除尘滤料的研究和应用提供了一定的理论和数据支撑。

4.2 Mn-CuO$_x$/CNTs 复合脱硝催化剂

4.2.1 Mn-CuO$_x$/CNTs 复合脱硝催化剂的制备

（1）碳纳米管的酸化

碳纳米管的酸化过程见 3.2.1。

（2）Mn-CuO$_x$/CNTs 的制备

将定量的 Mn(CH$_3$COO)$_2$ 和 Cu(NO$_3$)$_2$ 溶于定量的乙醇溶液并超声均匀，然后将其滴加在酸处理 CNTs 上并于室温下浸渍 24h，随后在真空烘箱中 100℃烘 12h，接着在 300℃下煅烧 30min，最后对得到固体进行研磨得到 y Mn-CuO$_x$/CNTs 催化剂 ｛y 代表 [Mn(CH$_3$COO)$_2$＋Cu(NO$_3$)$_2$]/CNTs（摩尔比）。

4.2.2 Mn-CuO$_x$/CNTs 复合脱硝催化剂的 XRD 分析

XRD 图谱用来表征试样的组成及结晶态。由图 4-1 可知，酸处理CNTs 的 XRD 图上能观察到 4 个显著的衍射峰（26.3°、42.8°、53.7°和

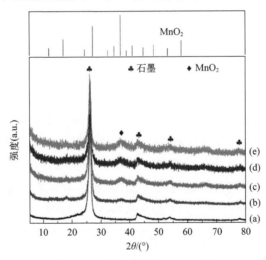

图 4-1　所制备试样的 XRD 图谱

(a) 酸处理 CNTs；(b) 2% Mn-CuO$_x$/CNTs；(c) 4% Mn-CuO$_x$/CNTs；
(d) 6% Mn-CuO$_x$/CNTs；(e) 8% Mn-CuO$_x$/CNTs

77.5°），这对应于石墨的特征峰[131]。负载活性组分后，能在所制备的催化剂试样上检测到弱的 MnO_2 衍射峰，表明形成了弱结晶型或高分散性的 MnO_2 活性组分，这通常有利于提高催化剂的低温脱硝活性[131]。此外，不能在催化剂试样上观测到 CuO_x 的衍射峰，这可能归因于形成了无定形或高分散纳米 CuO_x。

4.2.3　Mn-CuO$_x$/CNTs 复合脱硝催化剂的 FESEM 分析

FESEM 用来分析催化剂的微观结构，其结果见图 4-2。由图 4-2（a）可知，负载活性组分后，CNTs 呈现粗糙的外表面，说明活性组分已成功负载于 CNTs 表面。此外，在 CNTs 表面不能观测到明显的团聚现象，揭示了 6% Mn-CuO$_x$/CNTs 催化剂表面的活性组分呈高分散态，这关联于XRD 分析结果。通常情况下，高分散的活性组分对提高催化剂的活性有利。由高倍 FESEM 分析可知 [图 4-2(b)]，纳米片状的活性组分均匀分散在 CNTs 表面且没有显著的团聚，进一步说明了活性组分的高分散性。依据 EDS 图谱 [图 4-2(c)～(f)]，能在 6% Mn-CuO$_x$/CNTs 催化剂中检测到 Mn、Cu、O 和 C 的信号，表明存在 Mn、Cu、O 和 C 元素。

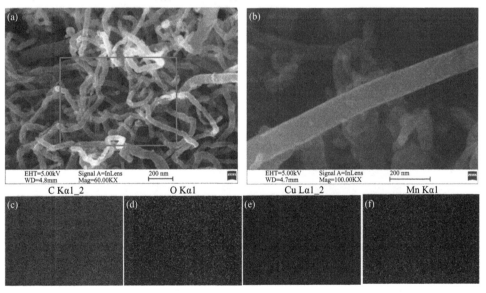

图 4-2　6% Mn-CuO$_x$/CNTs 催化剂的 FESEM 分析图和 EDS 图：
（a）和（b）FESEM 分析图谱；（c）～（f）EDS 图谱 [来自（a）矩形区域]

4.2.4 Mn-CuO$_x$/CNTs 复合脱硝催化剂的 TEM 分析

TEM 用来进一步分析试样的微观形貌。对于酸处理 CNTs [图 4-3 (a)]，其外表面呈光滑状。关于 6% Mn-CuO$_x$/CNTs 催化剂，CNTs 的外表面由于活性组分的负载而变粗糙，并能观测到纳米片状物，表明活性组分已在 CNTs 表面成功负载，这对应于 FESEM 分析结论。HRTEM（高分辨率透射电子显微镜）能清楚地观测到纳米片状物负载于 CNTs 表面，且片状物与 CNTs 结合紧密 [图 4-3(c)]，这有助于维持催化剂的结构稳定性，进而促进催化剂的稳定性。由 EDX 图谱 [图 4-3(d)] 可知，在 6% Mn-CuO$_x$/CNTs 催化剂表面能检测到 Mn、Cu、O 和 C 信号，表明在 CNTs 表面存在 Mn、Cu、O 和 C 元素，这对应于 FESEM 分析结果。

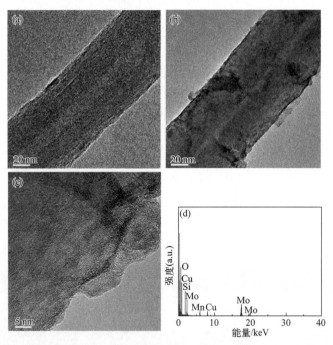

图 4-3　(a) 酸处理 CNTs TEM 分析图；(b)~(d) 6% Mn-CuO$_x$/CNTs 的 TEM 分析图、HRTEM 分析图和 EDX 谱图

4.2.5 Mn-CuO$_x$/CNTs 复合脱硝催化剂的 XPS 分析

催化剂的表面元素组成及价态用 XPS 来表征，相应结果见图 4-4。对

于 Mn 2p ［图 4-4（a）］，其有 Mn 2p$^{3/2}$（642.3eV）和 Mn 2p$^{1/2}$（654.0eV）两个组分，且其结合能相差 11.7eV，证明生成了 MnO$_2$ 活性组分，这与 XRD 分析结论一致[150]。高价态的 MnO$_2$ 在所有的锰氧化物中具有最佳的脱硝活性，这利于提高 6％ Mn-CuO$_x$/CNTs 催化剂的低温 SCR 活性。关于 Cu 2p ［图 4-4(b)］，能在其 XPS 图谱上观察到对应于 Cu 2p$^{3/2}$（934.4eV）和 Cu 2p$^{1/2}$（954.4eV）的峰，且其结合能间隔为 20.0eV，表明形成了 CuO[131]。此外，在 Cu 2p$^{3/2}$ 和 Cu 2p$^{1/2}$ 的右侧有明显的卫星峰，也说明形成了 CuO。Cu 的俄歇能谱 ［图 4-4（c）］显示其动能峰在 917.0eV 处，进一步揭示了 CuO 活性组分的形成。

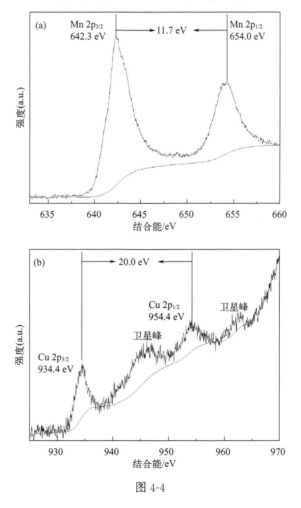

图 4-4

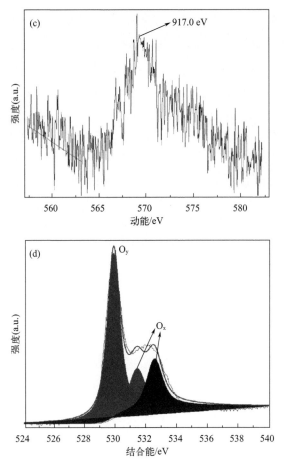

图 4-4　6% Mn-CuO$_x$/CNTs 催化剂的电子能谱图：(a) Mn 2p XPS 谱图；
(b) Cu 2p XPS 谱图；(c) Cu 俄歇能谱；(d) O 1s XPS 谱图

图 4-4 (d) 是 6% Mn-CuO$_x$/CNTs 催化剂的 O 1s XPS 图谱，经分峰拟合，O 1s 分成三个特征峰，其中峰中心结合能为 529.8eV 的峰对应于晶格氧（定义为 O$_y$），结合能处于 529.8～538.0eV 的峰归属于表面氧（标记为 O$_x$）。需要说明的是，6% Mn-CuO$_x$/CNTs 催化剂的表面氧（O$_x$）含量达到 41.0%。基于表面氧的高移动性，其利于 NO 转化为 NO$_2$，从而提升"快速 SCR"反应[151]。

4.2.6　Mn-CuO$_x$/CNTs 复合脱硝催化剂的脱硝率分析

所制备试样的脱硝率分析结果见图 4-5。酸处理 CNTs 仅有 10% 左右的 NO 脱除效果，这可能归因于其吸附作用。负载活性组分后，所得到催化剂的脱硝率显著增加，其在 120～180℃ 间的脱硝率达到 42.7%～77.3%，表明 Mn-Cu 混合氧化物活性组分起到了重要的脱硝作用。所制备催化剂的脱硝活性随负载量的增加而提高（除了 8% Mn-CuO$_x$/CNTs），说明合适的活性组分负载量有助于提高催化剂的脱硝活性。值得指出的是，6% Mn-CuO$_x$/CNTs 催化剂在 80～180℃ （测试温度范围）间获得了最佳的脱硝活性，其脱硝率达到 46.5%～77.3%，这关联于 XRD、FESEM、TEM 和 XPS 分析结果。

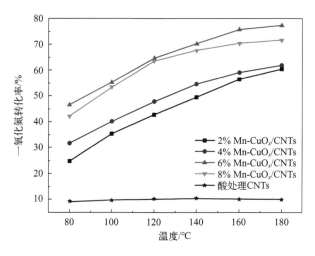

图 4-5　试样的脱硝率分析结果

4.2.7　Mn-CuO$_x$/CNTs 复合脱硝催化剂的循环和长周期稳定性能测试

催化剂的循环和长周期稳定性是衡量催化剂性能的一个重要参数。由循环测试结果 [图 4-6(a)] 可知，最佳催化剂（6% Mn-CuO$_x$/CNTs）经三次循环后，其活性稍微提升，这可能是因为循环过程中脱除了催化剂表面吸附水。上述结果表明，所得到的最佳催化剂具有较好的循环稳定性。长周期稳定性结果 [图 4-6(b)] 显示，经过 6h 的长周期测试，最佳催化剂的脱硝率基本维持在初始水平（77.3%），而没有显著的降低，显示较好的长周期稳定性。

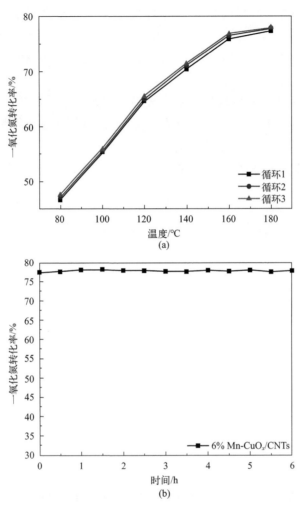

图 4-6　6％ Mn-CuO$_x$/CNTs 催化剂的循环和长周期稳定性测试结果

4.3　Mn-FeO$_x$/PDOPA@CNTs 复合脱硝催化剂

4.3.1　Mn-FeO$_x$/PDOPA@CNTs 复合脱硝催化剂的制备

（1）碳纳米管改性处理

配制 2g/L 的盐酸多巴胺溶液 300mL，随后将 4g 碳纳米管（OD＝

60～100nm）分散于上述溶液中超声 1h，接着将该分散液于室温下连续搅拌反应 24h，最后对产物进行过滤、水洗、醇洗，并在 70℃真空下干燥 12h，得到聚多巴胺（PDOPA）改性碳纳米管（PDOPA@CNTs）备用。

（2）Mn-FeO$_x$ 活性组分在 CNTs 表面的原位负载

将 0.3g PDOPA@CNTs 和定量 FeCl$_3$ 分散于 50mL 水溶液中超声 1h，接着在室温下连续搅拌 12h，随后将定量 KMnO$_4$ 溶液加入到上述分散液中连续搅拌反应 12h，最后对产物进行水洗、醇洗，并于 100℃真空下干燥 12h，得到 y Mn-FeO$_x$/PDOPA@CNTs 催化剂 [y 代表（KMnO$_4$ + FeCl$_3$）/CNTs（摩尔比）]。为了对比，采用浸渍法制备了 Mn-FeO$_x$/PDOPA@CNTs-IM 催化剂（最佳负载量）。

4.3.2　Mn-FeO$_x$/PDOPA@CNTs 复合脱硝催化剂的 XRD 分析

图 4-7 为所制备催化剂的 XRD 图谱。由图 4-7 中（1）可知，原始 CNTs 分别存在 26.2°、42.8°、53.9°和 77.7°处的典型石墨衍射峰[150]。经聚多巴胺（PDOPA）改性后，所制备的 PDOPA@CNTs 的四个典型石墨衍射峰无明显变化 [图 4-7 中（2）]，表明 PDOPA 改性没有影响 CNTs 结构。负载 Mn-Fe 活性组分后 [图 4-7 中（3）～（7）]，能在 36.5°处检测到归属于 MnO$_2$ 的衍射峰，说明形成了 MnO$_2$ 活性组分。通常情况下，高价态的 MnO$_2$ 在所有的锰氧化物中呈现最佳的催化活性[13]，这有利于提高催化剂的低温脱硝性能。此外，XRD 没有检测到归属于铁氧化物的衍射峰，这可能归因于形成了纳米或无定形铁氧化物活性组分。对于 Mn-FeO$_x$/PDOPA@CNTs-IM 催化剂，XRD 能检测到一系列 Mn$_3$O$_4$ 特征衍射峰，表明该催化剂中生成了 Mn$_3$O$_4$ 活性组分。要指出的是，浸渍法制备的 Mn-FeO$_x$/PDOPA@CNTs-IM 催化剂中 Mn$_3$O$_4$ 活性组分的价态低于氧化还原法所制备的 0.07 Mn-FeO$_x$/PDOPA@CNTs 催化剂中 MnO$_2$ 活性组分的价态，而低价态 Mn$_3$O$_4$ 的低温脱硝活性弱于高价态 MnO$_2$[132]。

4.3.3　Mn-FeO$_x$/PDOPA@CNTs 复合脱硝催化剂的 FESEM 分析

场发射扫描电子显微（FESEM）用来观测试样的微观结构。由图 4-8

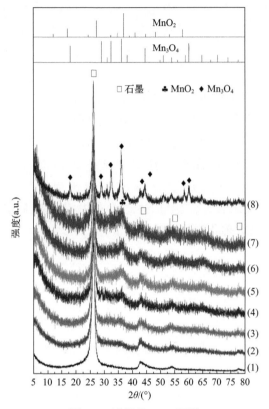

图 4-7　试样的 XRD 图谱

(1) 原始 CNTs；(2) PDOPA@CNTs；(3) 0.01 Mn-FeO$_x$/PDOPA@CNTs；
(4) 0.03 Mn-FeO$_x$/PDOPA@CNTs；(5) 0.05 Mn-FeO$_x$/PDOPA@CNTs；
(6) 0.07 Mn-FeO$_x$/PDOPA@CNTs；(7) 0.09 Mn-FeO$_x$/PDOPA@CNTs；
(8) Mn-FeO$_x$/PDOPA@CNTs-IM

(a) 可知，PDOPA@CNTs 具有光滑的外表面。负载 Mn-Fe 混合氧化物
活性组分后，CNTs 呈现粗糙外表面 [图 4-8(b)和(c)]，说明活性组分
已成功负载于 CNTs 表面。对于浸渍法制备的 Mn-FeO$_x$/PDOPA@
CNTs-IM 催化剂 [图 4-8(b)]，活性组分在 CNTs 表面呈纳米颗粒状分
布，但是颗粒尺寸的均匀性和分散性欠佳。要强调的是，氧化还原法
所制备的 0.07 Mn-FeO$_x$/PDOPA@CNTs 催化剂活性组分均匀分散
[图 4-8（c）]，这有助于改善催化剂的脱硝活性。再者，EDS 能检测到
Fe、Mn、O、C 元素信号，表明 Mn、Fe、O、C 元素的存在，这关联
于 XRD 分析结果。

图 4-8　试样的 FESEM 分析图和 EDS 谱图：（a）PDOPA@CNTs FESEM 分析图；
（b）Mn-FeO$_x$/PDOPA@CNTs-IM FESEM 分析图；（c）0.07 Mn-FeO$_x$/
PDOPA@CNTs FESEM 分析图；［(d)～(g)］EDS 谱图［来自（c）图矩形区域］

4.3.4　Mn-FeO$_x$/PDOPA@ CNTs 复合脱硝催化剂的 TEM 分析

TEM 和 HRTEM 用来进一步观测试样的微观结构。由图 4-9（a）可知，PDOPA@CNTs 具有光滑、干净的外表面，这对应于 FESEM 分析结果。对于 0.07 Mn-FeO$_x$/PDOPA@CNTs 催化剂［图 4-9(b)］，负载 Mn-Fe 混合氧化物后能在 CNTs 表面观测到纳米片状物，说明活性组分已在 CNTs 表面生成。HRTEM 显示［图 4-9(c)］，该催化剂的活性组分以高分散态负载于 CNTs 表面，这与 FESEM 分析结果一致。通常情况下，高分散的活性组分有助于改善催化剂的脱硝活性。对于 Mn-FeO$_x$/PDOPA@CNTs-IM 催化剂，能在其表面检测到晶面间距为 0.27nm 对应于 103 晶面的纳米颗粒，表明生成了 Mn$_3$O$_4$，这关联于 XRD 分析结论。EDX 谱图能检测到 Mn、Fe、O、C 元素信号，表明存在 Mn、Fe、O、C 四种元素，这对应于 FESEM 分析结果。

4.3.5　Mn-FeO$_x$/PDOPA@ CNTs 复合脱硝催化剂的 XPS 分析

XPS 用来分析催化剂的表面组成和活性组分价态。由 Mn 2p 图谱［图 4-10(a)］可知，氧化还原法制备的 0.07 Mn-FeO$_x$/PDOPA@CNTs 催化剂存在结合能为 642.3eV（Mn 2p$^{3/2}$）和 653.8eV（Mn 2p$^{1/2}$）的峰，

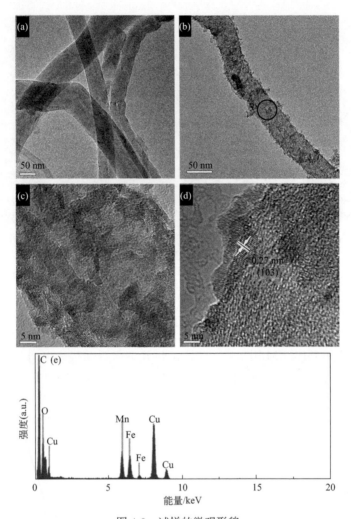

图 4-9　试样的微观形貌

（a）PDOPA@CNTs 催化剂的 TEM 分析图；（b）0.07 Mn-FeO$_x$/PDOPA@CNTs 催化剂的 TEM
分析图；（c）0.07 Mn-FeO$_x$/PDOPA@CNTs 催化剂的 HRTEM 分析图；（d）Mn-FeO$_x$/
PDOPA@CNTs-IM 催化剂的 HRTEM 分析图；（e）EDX 谱图［来自（b）图圆形区域］

且两峰间的能量间隔为 11.5eV，说明生成了 MnO$_2$ 活性组分[152]，这对应
于 XRD 分析结果。高价态的 MnO$_2$ 具有较高的催化活性[132]，这有利于
0.07 Mn-FeO$_x$/PDOPA@CNTs 催化剂低温脱硝活性的提高。

　　由 Fe 2p 图谱［图 4-10（b）中 a］可知，浸渍法所制备的 Mn-FeO$_x$/
PDOPA@CNTs-IM 催化剂存在结合能为 711.5eV（Fe 2p$^{3/2}$）和 724.7eV

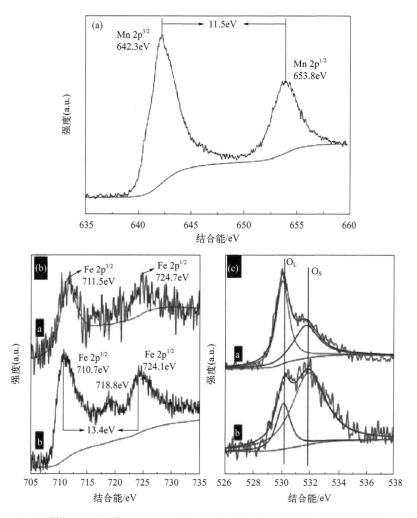

图 4-10　试样的 XPS 图谱：（a）0.07 Mn-FeO$_x$/PDOPA@CNTs 催化剂的 Mn 2p 图；
（b）中 a 为 Mn-FeO$_x$/PDOPA@CNTs-IM 催化剂的 Fe 2p 图，b 为 0.07 Mn-FeO$_x$/
PDOPA@CNTs 催化剂的 Fe 2p 图；（c）中 a 为 Mn-FeO$_x$/PDOPA@CNTs-IM
催化剂的 O 1s 图，b 为 0.07 Mn-FeO$_x$/PDOPA@CNTs 催化剂的 O 1s 图

（Fe 2p$^{1/2}$）的峰，且在两峰的高结合能侧没有观测到卫星峰，表明该催化剂中生成了 Fe$_3$O$_4$ 活性组分[153]。对于氧化还原法制备的 0.07 Mn-FeO$_x$/PDOPA@CNTs 催化剂，其 Fe 2p 图谱上不仅存在结合能为 710.7eV（Fe 2p$^{3/2}$）和 724.1eV（Fe 2p$^{1/2}$）的峰，还在 Fe 2p$^{3/2}$ 的高结合能处存在 718.8eV 的卫星峰，且 Fe 2p$^{3/2}$ 与 Fe 2p$^{1/2}$ 之间的结合能间隔为 13.4eV，

说明生成了 Fe_2O_3 活性组分[136,154]，而高价态的 Fe_2O_3 活性高于低价态的 Fe_3O_4[84]。再者，0.07 Mn-FeO$_x$/PDOPA@CNTs 催化剂 Fe $2p^{3/2}$（711.5eV）和 Fe $2p^{1/2}$（724.7eV）的结合能低于 Mn-FeO$_x$/PDOPA@CNTs-IM 催化剂，这可能归因于 Mn-Fe 混合氧化物与 CNTs 载体之间的强相互作用。

经拟合处理［图 4-10(c)］，两种催化剂的 O 1s 图谱能分为两个峰，其中结合能 529～530.5eV 处的峰对应结晶氧（标记为 O_L），结合能 531～533.5eV 处的峰对应表面氧（标记为 O_S）[127]。由图 4-10（c）可知，氧化还原法所制备的 0.07 Mn-FeO$_x$/PDOPA@CNTs 催化剂的表面氧相对含量明显高于浸渍法所制备的 Mn-FeO$_x$/PDOPA@CNTs-IM 催化剂。结合表 4-1 数据可知，0.07 Mn-FeO$_x$/PDOPA@CNTs 催化剂的表面氧相对含量达到 76.9%，高于 Mn-FeO$_x$/PDOPA@CNTs-IM 催化剂的 42.8%。通常情况下，表面氧的活性高于晶格氧[152]，这利于 NO 氧化为 NO_2，进一步提升"快速 SCR"反应过程[155]。

表 4-1　两种催化剂的表面氧和晶格氧相对含量

催化剂	O_S/%	O_L/%
0.07 Mn-FeO$_x$/PDOPA@CNTs	76.9	23.1
Mn-FeO$_x$/PDOPA@CNTs-IM	42.8	57.2

4.3.6　Mn-FeO$_x$/PDOPA@CNTs 复合脱硝催化剂的脱硝率分析

图 4-11 为催化剂的脱硝率随温度的变化。由图可知，所制备的催化剂脱硝率在测试温度范围内随温度的升高呈递增趋势，且其脱硝活性随负载量的增加而提升。对于氧化还原法所制备的 Mn-FeO$_x$/PDOPA@CNTs 催化剂，其在 80～180℃下的脱硝率达到 16.1%～77.2%。值得说明的是，最佳 0.07 Mn-FeO$_x$/PDOPA@CNTs 催化剂在该温度区间的脱硝率高达 39.7%～77.2%，这高于浸渍法制备的 Mn-FeO$_x$/PDOPA@CNTs-IM 催化剂 15.4%～59.1%的脱硝率，表明氧化还原法有利于得到低温活性优良的脱硝催化剂，这关联于 XRD、FESEM、TEM 和 XPS 分析结果。

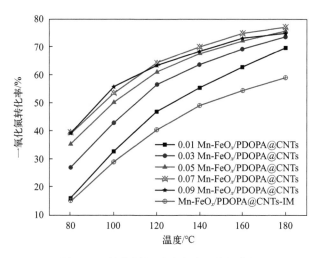

图 4-11　催化剂的脱硝率随温度的变化

4.3.7　Mn-FeO$_x$/PDOPA@CNTs 复合脱硝催化剂的长周期稳定性能测试

催化剂的长周期稳定性决定催化剂的使用周期和成本。基于图 4-12 0.07 Mn-FeO$_x$/PDOPA@CNTs 催化剂的长周期稳定性测试结果可知，0.07 Mn-FeO$_x$/PDOPA@CNTs 催化剂的初始脱硝率为 77.2%。随着测

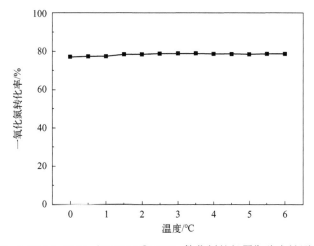

图 4-12　0.07 Mn-FeO$_x$/PDOPA@CNTs 催化剂的长周期稳定性测试结果

试时间增长（1.5h后），催化剂的脱硝率存在少量升高并达到79.8%，这可能得益于催化剂中游离水的高温脱除。随后，0.07 Mn-FeO$_x$/PDOPA@CNTs催化剂的脱硝率基本维持在79%左右，呈现良好的长周期稳定性能，这利于催化剂的长周期稳定运行。

4.4 Mn-FeO$_x$/PPS 脱硝复合滤料

4.4.1 Mn-FeO$_x$/PPS 脱硝复合滤料的制备

将直径为40mm的聚苯硫醚（PPS，克重＝500g/m^2）圆片置于一定浓度的十二烷基苯磺酸钠溶液中超声1h；然后，加入一定量FeCl$_3$连续搅拌8h；随后加入一定浓度的高锰酸钾溶液50mL，在室温下反应12h；接着对得到样品进行水洗、醇洗，并在100℃干燥12h。所制备的复合滤料记为y Mn-FeO$_x$/PPS，其中y代表（KMnO$_4$＋FeCl$_3$）/PPS（质量比）。

4.4.2 Mn-FeO$_x$/PPS 脱硝复合滤料的脱硝率分析

图4-13为聚苯硫醚复合滤料脱硝率随温度的变化曲线。由图可知，随着温度的升高，所制备的MnO$_2$-Fe$_2$O$_3$/PPS复合滤料的脱硝率逐步升高。在80~180℃测试范围内，复合滤料的脱硝率达到17.9%~99.2%。要指出的是，1.0 MnO$_2$-Fe$_2$O$_3$/PPS复合滤料在80~180℃下的脱硝率达到35.7%~99.2%，呈现最佳的低温脱硝性能。

4.4.3 Mn-FeO$_x$/PPS 脱硝复合滤料的形貌观测和结构分析

为研究复合滤料的微观结构，利用场发射扫描电子显微镜对原始聚苯硫醚滤料（PPS）和1.0 MnO$_2$-Fe$_2$O$_3$/PPS复合滤料进行了观测。图4-14（a）显示，原始PPS滤料表面光滑，没有观测到明显的纳米颗粒物或纳米片状物，表明PPS表面没有负载活性组分。负载活性组分后[图4-14（b）]，在PPS滤料表面能观测到明显的片状物或颗粒物，表明活性组分已成功负载于滤料表面。此外，图4-14（c）显示活性组分主要

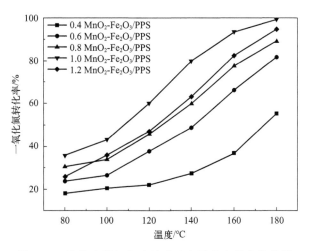

图 4-13　聚苯硫醚复合滤料脱硝率随温度的变化曲线

图 4-14　所制备样品的 FESEM 分析图与 EDS 谱图

（a）原始 PPS FESEM 分析图；（b）1.0 MnO_2-Fe_2O_3/PPS FESEM 分析图；
（c）放大后的 1.0 MnO_2-Fe_2O_3/PPS FESEM 分析图；（d）～（h）1.0 MnO_2-Fe_2O_3/PPS EDS 谱图

以片状物形式均匀包覆在 PPS 表面。通常，活性组分均匀负载有利于获得高效的脱硝率，这与图 4-13 的脱硝结果相关联。1.0 MnO_2-Fe_2O_3/PPS 试样经放大［图 4-14(c)］，能进一步观测到活性组分以片状形式均匀负载于 PPS 表面，这与图 4-14（b）结果一致。为进一步检测 PPS 滤料表面负载活性组分的成分，对 1.0 MnO$_2$-Fe$_2$O$_3$/PPS 试样进行了元素分布检测 ［图 4-14(d)～(h)］。结果显示，Mn、Fe、S、O、C 元素均匀分布于 1.0 MnO$_2$-Fe$_2$O$_3$/PPS 复合滤料表面，表明 Mn、Fe、S、O、C 元素的存在，说明在 PPS 表面成功负载了 Mn-FeO$_x$ 混合氧化物活性组分。

4.4.4 Mn-FeO$_x$/PPS 脱硝复合滤料的 XRD 分析

X 射线衍射（XRD）光谱用来分析样品的组成和结晶状态。由图 4-15 可知，所有样品在 19.2°、20.7°、27.8°、32.0°处呈现聚苯硫醚（PPS）的典型衍射峰[156]。值得说明的是，在所有样品上没有检测到锰氧化物（MnO$_x$）或铁氧化物（FeO$_x$）的衍射峰，表明生成了弱结晶型或高分散型纳米金属氧化物。通常，弱结晶型或高分散型纳米活性组分有利于催化活性的提高[157]，这与复合滤料的脱硝结果相吻合。再者，随着负载量增加，归属于 PPS 的衍射峰强度逐渐减弱，这可能归因于金属氧化物活性组分与 PPS 之间存在相互作用。

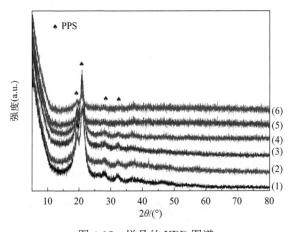

图 4-15　样品的 XRD 图谱
（1）PPS；（2）0.4 MnO$_2$-Fe$_2$O$_3$/PPS；（3）0.6 MnO$_2$-Fe$_2$O$_3$/PPS；
（4）0.8 MnO$_2$-Fe$_2$O$_3$/PPS；（5）1.0 MnO$_2$-Fe$_2$O$_3$/PPS；（6）1.2 MnO$_2$-Fe$_2$O$_3$/PPS

4.4.5 Mn-FeO$_x$/PPS 脱硝复合滤料的 XPS 分析

为分析复合滤料的表面组成和组分价态，采用 X 射线光电子能谱（XPS）对样品进行测试。图 4-16（a）中 a 为原始 PPS 的 XPS 全谱，在

532eV、285eV、164eV 处分别能检测到 O 1s、C 1s、S 1s 的信号，分别归因于 PPS 滤料上的 O、C、S 元素[144]。对于 1.0 MnO$_2$-Fe$_2$O$_3$/PPS 复合滤料［图 4-16（a）中 b］，不仅能在对应位置检测到 O 1s、C 1s、S 1s 的信号，还能分别在 713eV、643eV 左右观测到 Fe 2p 和 Mn 2p 的信号，表明有 Fe、Mn 元素负载于 PPS 滤料表面，这关联于 FESEM 分析结果。

对于 Mn 2p 图谱［图 4-16（b）］，能在图上 654.2eV 和 642.6eV 处观察到分别对应于 Mn 2p$^{1/2}$ 和 Mn 2p$^{3/2}$ 的两个峰，表明生成了 MnO$_2$ 活性组分[158]。此外，Mn 2p$^{1/2}$（654.2eV）和 Mn 2p$^{3/2}$（642.6eV）之间的能量间隔为 11.6eV，进一步说明生成了 MnO$_2$ 活性组分[150]。要指出的是，

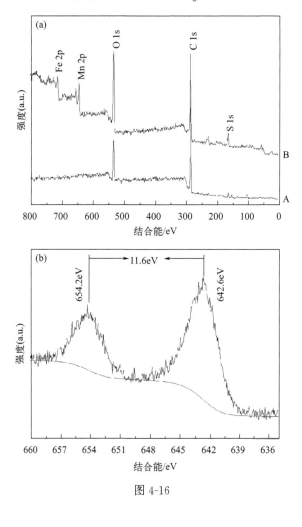

图 4-16

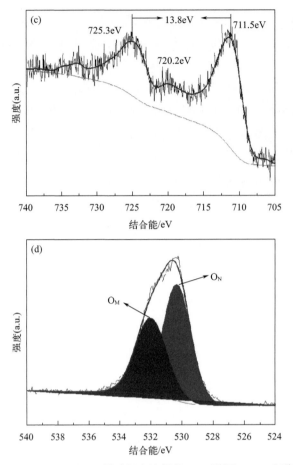

图 4-16 1.0 MnO$_2$-Fe$_2$O$_3$/PPS 脱硝复合滤料的 XPS 谱图：(a) 全谱 [PPS (A)，
1.0 MnO$_2$-Fe$_2$O$_3$/PPS (B)]；(b) Mn 2p；(c) Fe 2p；(d) O 1s

高价态的 MnO$_2$ 有利于低温脱硝活性的提高，这对应于复合滤料的脱硝率
结果。由 Fe 2p 图谱 [图 4-16(c)] 可知，能在 725.3eV 和 711.5eV 处观
察到对应于 Fe 2p$^{1/2}$ 和 Fe 2p$^{3/2}$ 的双峰，且在 711.5eV 左侧 720.2eV 处存
在显著的卫星峰，说明生成了 Fe$_2$O$_3$ 活性组分[159]。再者，Fe 2p$^{1/2}$ 和 Fe
2p$^{3/2}$ 之间的结合能间隔为 13.8eV[158]，进一步表明生成了 Fe$_2$O$_3$ 活性组
分。高价态的 Fe$_2$O$_3$ 活性组分有助于催化剂低温脱硝活性的提高，这关联
于复合滤料的脱硝率结果。

经过分峰拟合，O 1s 能分成两个峰。其中，位于 529.5～536eV 处的
峰对应的为表面氧（O$_M$），而峰中心位于 530.4eV 处的峰对应于晶格氧

（O_N）。由表 4-2 可知，1.0 Mn-FeO$_x$/PPS 复合滤料的表面氧相对含量达到 47%。高的表面氧有利于 NO 转换成 NO$_2$，进而促进 SCR 反应。此外，PPS 表面仅能检测到 C、O、S 元素，而没有发现 Mn、Fe 元素的存在。对于 1.0 Mn-FeO$_x$/PPS，不仅能检测到 C、O、S 元素，还能检测到 Fe、Mn 元素，表明在 PPS 表面生成了锰铁混合氧化物，这与 XRD、FESEM 分析结果相关联。要指出的是，PPS 的氧相对含量为 17.2%，而 1.0 Mn-FeO$_x$/PPS 复合滤料的氧相对含量增加为 24.9%，这可能归因于 Mn-FeO$_x$ 活性组分于 PPS 滤料表面的负载。

表 4-2　PPS 和 1.0 Mn-FeO$_x$/PPS 表面元素的相对含量

试样	C/%	O/%	S/%	Mn/%	Fe/%	O/C	$O_M/(O_M+O_N)$
PPS	79.9	17.2	2.9	0	0	0.21	—
1.0 Mn-FeO$_x$/PPS	56.7	24.9	7.7	6.72	3.91	0.44	0.47

4.4.6　Mn-FeO$_x$/PPS 脱硝复合滤料的热重分析

复合滤料的热稳定性影响其工业实际应用，利用热重数据对其热稳定性进行分析。由图 4-17 可知，PPS 在 100～400℃ 之间没有明显的热失重，呈现较好的热稳定性，能在 200℃ 工况条件下长周期运行。PPS 滤料从 450℃ 开始出现明显的失重现象，在 750℃ 时有 40% 残炭量。负载 MnO$_x$

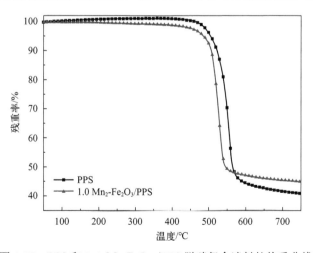

图 4-17　PPS 和 1.0 Mn-FeO$_x$/PPS 脱硝复合滤料的热重曲线

和 FeO_x 活性组分后，$1.0\ Mn\text{-}FeO_x/PPS$ 复合滤料在 200℃之前仍具有较好的热稳定性，表明复合滤料具有良好的热稳定性，这将不影响该复合滤料在 200℃条件下的使用。再者，$1.0\ Mn\text{-}FeO_x/PPS$ 复合滤料在 750℃时维持 45％的残炭量，高于 PPS 滤料 40％的残炭量，该现象归因于 MnO_x 和 FeO_x 活性组分在 PPS 表面的成功负载，这关联于 FSSEM、XPS、XRD 分析结果。

基于以上对复合材料的形貌和结构分析结果，本书提出了脱硝复合滤料的形成原理。首先，十二烷基苯磺酸钠改性剂在聚苯硫醚（PPS）表面形成半胶束荷电层[160]；然后，加入的 $FeCl_3$ 水解成 $Fe(OH)_3$ 和 HCl 并被吸附在半胶束荷电层；随后，加入的高锰酸钾与 HCl 在 PPS 表面原位反应生成 MnO_2，得到 $MnO_2\text{-}Fe(OH)_3/PPS$ 复合滤料前驱体；最后，$MnO_2\text{-}Fe(OH)_3/PPS$ 复合滤料前驱体经脱水得到 $MnO_2\text{-}Fe_2O_3/PPS$ 脱硝复合滤料。具体反应如下[151]：

$$2FeCl_3 + 4H_2O + 2KMnO_4 \longrightarrow 2MnO_2 + 2Fe(OH)_3 + 3Cl_2 + 2KOH$$

$$\overset{\triangle}{\longrightarrow} 2MnO_2 + Fe_2O_3$$

4.4.7 Mn-FeO$_x$/PPS 脱硝复合滤料的长周期稳定性和循环稳定性能测试

长周期稳定性能影响脱硝复合滤料的长期使用，图 4-18 为 $1.0\ Mn\text{-}FeO_x/PPS$ 复合滤料的长周期稳定性能测试结果。由图可知，复合滤料在

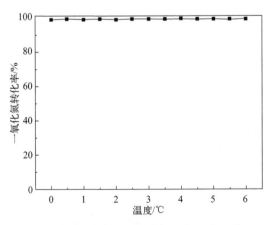

图 4-18 $1.0\ Mn\text{-}FeO_x/PPS$ 脱硝复合滤料的长周期稳定性能（180℃）测试结果

180℃时的初始脱硝率为 99.2％。经过 6h 的稳定性测试，1.0 Mn-FeO$_x$/ PPS 复合滤料的脱硝性能基本没有降低，并且维持在 99.0％左右，呈现优良的长周期稳定性能，这有利于复合脱硝滤料的长周期稳定运行。

　　催化剂和滤料在实际应用过程中通常经过多次循环使用，其循环稳定性决定了使用周期和成本。由循环稳定性测试结果（图 4-19）可知，1.0 Mn-FeO$_x$/PPS 复合滤料经过三个周期循环后脱硝率基本维持在第一次测试水平（99.2％），显示良好的循环稳定性，这有助于脱硝复合滤料的循环使用。

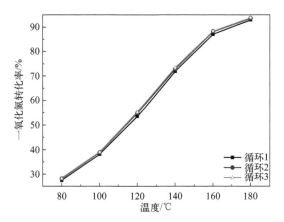

图 4-19　1.0 Mn-FeO$_x$/PPS 脱硝复合滤料的循环稳定性能（80～180℃）测试结果

4.5　Mn-FeO$_x$/CNTs-OSR 脱硝催化剂

4.5.1　Mn-FeO$_x$/CNTs-OSR 脱硝催化剂的制备

　　（1）碳纳米管的酸化

碳纳米管的处理过程见 3.2.1 节。

　　（2）Mn-FeO$_x$ 纳米片活性组分在 CNTs 表面的负载

　　首先，将一定量的 CNTs 和 Fe(NO$_3$)$_3$·9H$_2$O 分散于去离子水中并连续搅拌 12h；然后，将一定量的高锰酸钾溶液加入上述分散液中并连续搅拌反应 12h；随后，将黑色的分散液进行过滤并对滤饼进行水洗、乙醇洗涤并在 150℃下干燥 12h；最后，将得到的滤饼进行研磨得到 y Mn-FeO$_x$/ CNTs-OSR 催化剂 {y 代表 [KMnO$_4$＋Fe(NO$_3$)$_3$·9H$_2$O]/CNTs（摩尔比)}。

4.5.2 Mn-FeO$_x$/CNTs-OSR 脱硝催化剂的 XRD 分析

XRD用来分析催化剂的结晶状态。从图 4-20 中能分别在 26.2°、43.0°、53.7°和 77.8°处显著地观察到对应于石墨的衍射峰[131]。随着 MnO$_x$ 和 FeO$_x$ 活性组分的加入，能够在氧化还原法制备的 Mn-FeO$_x$/CNTs-OSR 催化剂上观测到 MnO$_2$ 的衍射峰，表明生成了弱结晶型的 MnO$_2$ 活性组分。要指出的是，高价态和弱结晶型的 MnO$_2$ 有利于催化剂低温 SCR 活性的提高。此外，在 XRD 图谱上观察不到 FeO$_x$ 的衍射峰，说明生成了弱结晶型或无定形 FeO$_x$ 活性组分，该弱结晶型和无定形活性组分通常有利于低温脱硝性能的提高。对于浸渍法制备的 Mn-FeO$_x$/CNTs-TIM 催化剂，能够在 XRD 谱图上观察到一系列 Mn$_3$O$_4$ 的衍射峰，Mn$_3$O$_4$ 的结晶性高于 MnO$_2$ 的结晶性。要说明的是，高结晶性和低价态 Mn$_3$O$_4$ 的活性通常低于弱结晶型和高价态的 MnO$_2$[161]。再者，归属于石墨的衍射峰强度随着活性组分的加入而变弱，表明活性组分和石墨之间存在相互作用[162-163]。

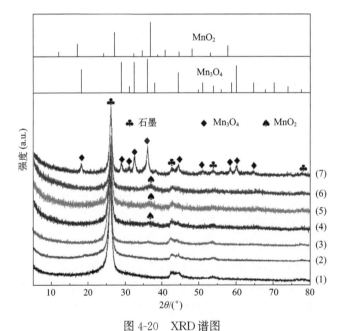

图 4-20　XRD 谱图
（1）原始 CNTs；（2）酸处理 CNTs；（3）0.02 Mn-FeO$_x$/CNTs-OSR；
（4）0.04 Mn-FeO$_x$/CNTs-OSR；（5）0.06 Mn-FeO$_x$/CNTs-OSR；
（6）0.08 Mn-FeO$_x$/CNTs-OSR；（7）Mn-FeO$_x$/CNTs-TIM

4.5.3　Mn-FeO$_x$/CNTs-OSR 脱硝催化剂的 FESEM 分析

场发射扫描电子显微镜是一种观测所制备催化剂微观结构的有效手段。由图 4-21（a）可知，酸处理 CNTs 呈现光滑的外表面，且不能在其表面观察到归属于活性组分的纳米颗粒或者纳米片。根据图 4-21（b）可知，酸处理 CNTs 的表面变得粗糙，表明活性组分已经负载到酸处理 CNTs 的表面。此外，可以观测到活性组分在 0.06 Mn-FeO$_x$/CNTs-OSR 催化剂的表面负载得比较均匀，这通常有利于催化剂催化活性的提高。对于 Mn-FeO$_x$/CNTs-TIM 催化剂，从图 4-21（c）可以观察到纳米催化剂颗粒负载于载体表面，但是活性组分的分散性能弱于 0.06 Mn-FeO$_x$/CNTs-OSR 催化剂，这通常不利于催化剂活性的提高。0.06 Mn-FeO$_x$/CNTs-OSR 催化剂的 EDS 谱图能够检测到 Mn、Fe、C 和 O 信号的存在，

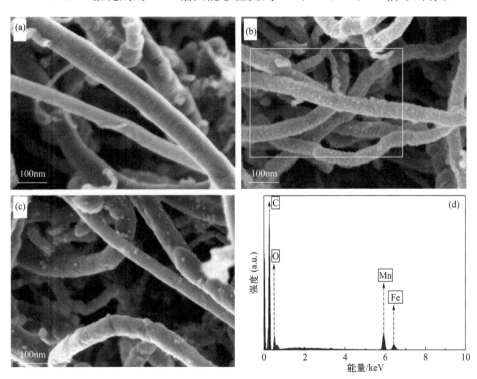

图 4-21　FESEM 分析图和 EDS 谱图：（a）酸处理 CNTsFESEM 分析图；
（b）0.06 Mn-FeO$_x$/CNTs-OSR FESEM 分析图；（c）Mn-FeO$_x$/CNTs-TIM FESEM 分析图；
（d）0.06 Mn-FeO$_x$/CNTs-OSR 催化剂的 EDS 谱图［来自（b）图矩形区域］

表明活性组分中有 Mn、Fe、C 和 O 元素的存在。

4.5.4 Mn-FeO$_x$/CNTs-OSR 脱硝催化剂的 TEM/HRTEM 分析

用透射电子显微镜来进一步分析 0.06 Mn-FeO$_x$/CNTs-OSR 和 Mn-FeO$_x$/CNTs-TIM 催化剂的微观形貌。由图 4-22（a）可知，0.06 Mn-FeO$_x$/CNTs-OSR 催化剂表面负载有纳米片状的活性组分，表明活性组分已经成功负载到载体表面。由 HRTEM 图［图 4-22(b)］可知，一系

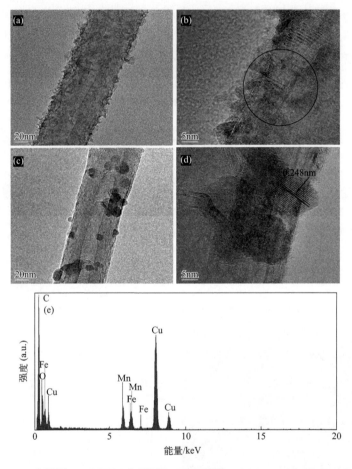

图 4-22　TEM 分析图、HRTEM 分析图和 EDX 谱图：（a）0.06 Mn-FeO$_x$/CNTs-OSR 催化剂 TEM 分析图；（b）0.06 Mn-FeO$_x$/CNTs-OSR 催化剂 HRTEM 分析图；（c）Mn-FeO$_x$/CNTs-TIM 催化剂 TEM 分析图；（d）Mn-FeO$_x$/CNTs-TIM 催化剂 HRTEM 分析图；（e）0.06 Mn-FeO$_x$/CNTs-OSR 的 EDX 谱图

列纳米片状活性组分负载于 CNTs 表面，进一步证明 0.06 Mn-FeO$_x$/CNTs-OSR 表面生成了纳米片状活性组分，这与 XRD 分析结果一致。此外，在图 4-22（b）上不能观察到归属于 MnO$_x$ 和 FeO$_x$ 的晶格条纹，说明生成了弱结晶型活性组分，这也和 XRD 分析结果一致。再者，能从 EDX 图谱上检测到 Mn 和 Fe 的信号，表明生成了 Mn-FeO$_x$/CNTs-OSR 催化剂，该结果与 XRD 分析结果一致。

对于 Mn-FeO$_x$/CNTs-TIM 催化剂，能在 CNTs 表面观测到纳米颗粒状活性组分［图 4-22(c)］。值得说明的是，纳米颗粒在 CNTs 表面存在聚集，这不利于催化剂的活性。HRTEM 图上［图 4-22（d）］能够在 Mn-FeO$_x$/CNTs-TIM 催化剂上观察到晶格条纹为 0.248nm、对应于 Mn$_3$O$_4$ 活性组分的（211）晶面，这与 XRD 分析结果相一致。上述结果表明在 Mn-FeO$_x$/CNTs-TIM 催化剂中生成了高结晶性和低价态的 Mn$_3$O$_4$ 活性组分，这通常不利于催化剂 SCR 活性的提高（与低结晶性和高价态的 MnO$_2$ 相比）。

4.5.5　Mn-FeO$_x$/CNTs-OSR 脱硝催化剂的 HAADF-STEM 分析

高角度暗场扫描透射电子显微镜（HAADF-STEM）用来进一步分析 0.06 Mn-FeO$_x$/CNTs-OSR 催化剂的微观形貌。从图 4-23（a）能够清晰

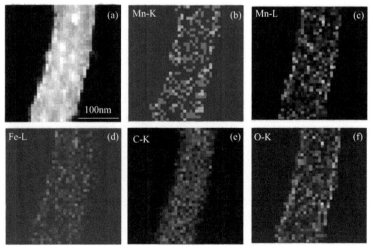

图 4-23　（a）0.06 Mn-FeO$_x$/CNTs-OSR 催化剂的 HAADF-STEM 图；
（b）～（f）0.06 Mn-FeO$_x$/CNTs-OSR 催化剂的 EDX 谱图

地观察到对应于重元素的亮点，表明通过氧化还原法已经成功地制备了 0.06 Mn-FeO$_x$/CNTs-OSR 催化剂。此外，EDX 谱图能够检测到 Mn、Fe、O 和 C 的信号，表明 Mn、Fe、O 和 C 四种元素的存在，且它们呈柱形分布在 CNTs 表面。上述结果与 XRD 和 TEM/HRTEM 分析结果一致。

4.5.6 Mn-FeO$_x$/CNTs-OSR 脱硝催化剂的 XPS 分析

XPS 用来分析催化剂表面的元素相对含量和氧化态。从 XPS 全谱 ［图 4-24(a)］ 可知，在 0.06 Mn-FeO$_x$/CNTs-OSR 催化剂中能观察到 Fe、Mn、O 和 C 信号，证明了 Fe、Mn、O 和 C 四种元素的存在，这与 FESEM 和 TEM/HRTEM 分析结果一致。对于 Mn 2p 谱 ［图 4-24(b)］，

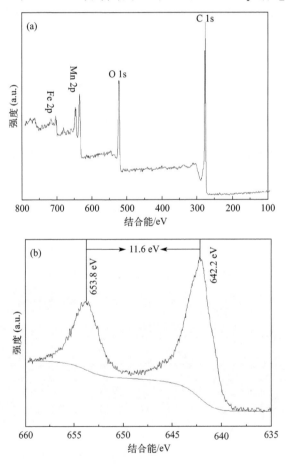

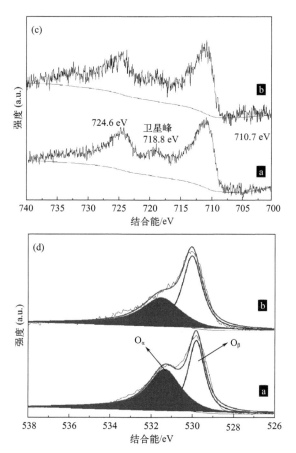

图 4-24　XPS 图谱：（a）全谱；（b）～（d）0.06 Mn-FeO$_x$/CNTs-OSR 催化剂的
Mn 2p、Fe 2p 和 O 1s 图谱（a 与 b 分别对应于 0.06 Mn-FeO$_x$/CNTs-OSR 催化剂
和 Mn-FeO$_x$/CNTs-TIM 催化剂）

在结合能为 653.8eV 和 642.2eV 处能观察到两个典型峰，这归属于 Mn 2p$^{1/2}$ 和 Mn 2p$^{3/2}$，证明了在 0.06 Mn-FeO$_x$/CNTs-OSR 催化剂中生成了 MnO$_2$ 活性组分。此外，Mn 2p$^{1/2}$ 和 Mn 2p$^{3/2}$ 之间的结合能间隔为 11.6eV，进一步表明生成了 MnO$_2$ 活性组分，这与 XRD 分析结果一致。要指出的是，MnO$_2$ 活性组分在所有的锰氧化物中具有最高的低温 SCR 活性[13,132]。

对于 0.06 Mn-FeO$_x$/CNTs-OSR 催化剂的 Fe 2p 图谱 [图 4-24(c)]，在结合能为 724.6eV 和 710.7eV 处能明显地观察到两个卫星峰，这分别归属于 Fe 2p$^{3/2}$ 和 Fe 2p$^{1/2}$ 的卫星峰，表明在 0.06 Mn-FeO$_x$/CNTs-OSR 催化剂中生成了 Fe$_2$O$_3$ 活性组分。再者，Fe 2p$^{3/2}$ 和 Fe 2p$^{1/2}$ 之间的结合能

间隔为 13.9eV，进一步表明在 0.06 Mn-FeO$_x$/CNTs-OSR 催化剂中生成了 Fe$_2$O$_3$ 活性组分。对于 Mn-FeO$_x$/CNTs-TIM 催化剂的 Fe 2p 图谱，能观察到分别归属于 Fe 2p$^{3/2}$ 和 Fe 2p$^{1/2}$ 的典型峰，但是不能观察到对应的卫星峰，证明在 Mn-FeO$_x$/CNTs-TIM 催化剂中生成了 Fe$_3$O$_4$ 活性组分。需要指出的是，Fe$_2$O$_3$ 的低温 SCR 活性通常高于 Fe$_3$O$_4$ 活性组分[84]。

由图 4-24 (d) 可知，经过峰拟合，O 1s 谱图能分成两个峰。其中，处在 531.4eV 处的峰对应于表面氧（定义为 O$_\alpha$），处在 529.8eV 处的峰对应于晶格氧（定义为 O$_\beta$）[164-165]。经过计算，0.06 Mn-FeO$_x$/CNTs-OSR 催化剂表面氧的含量为 52.0%，这高于 Mn-FeO$_x$/CNTs-TIM 催化剂的 41.7%。要说明的是，表面氧的活性通常高于晶格氧[166-167]。

4.5.7 Mn-FeO$_x$/CNTs-OSR 脱硝催化剂的氮气吸脱附数据

由氮气吸脱附数据（表 4-3）可知，原始 CNTs 的 BET 比表面积为 32.4m^2/g。用 HNO$_3$ 处理过后，BET 比表面积增加到 41.1m^2/g。值得注意的是，由于活性组分的引入，所制备的催化剂 BET 比表面积得到了进一步提高，表明活性组分以高分散状态负载于 CNTs 表面，这与 XRD、FESEM、TEM 和 HAADF-STEM 分析结果一致。值得说明的是，用氧化还原法制备的 0.06 Mn-FeO$_x$/CNTs-OSR 催化剂 BET 比表面积达到了 120.1m^2/g，而采用传统的浸渍法制备的 Mn-FeO$_x$/CNTs-TIM 催化剂 BET 比表面积仅为 77.9m^2/g。通常情况下，高的 BET 比表面积有利于催化剂活性的提高。

表 4-3 原始 CNTs、酸处理 CNTs 和所制备催化剂的 BET 比
表面积、孔体积和平均孔径

试样	BET 比表面积/(m^2/g)	孔体积/(cm^3/g)	平均孔径/nm
原始 CNTs	32.4	0.0535	6.60
酸处理 CNTs	41.1	0.0756	7.36
0.02 Mn-FeO$_x$/CNTs-OSR	71.7	0.109	6.09
0.04 Mn-FeO$_x$/CNTs-OSR	80.5	0.121	6.03

续表

试样	BET 比表面积/(m²/g)	孔体积/(cm³/g)	平均孔径/nm
0.06 Mn-FeO$_x$/CNTs-OSR	120.1	0.173	5.75
0.08 Mn-FeO$_x$/CNTs-OSR	120.0	0.168	5.61
Mn-FeO$_x$/CNTs-TIM	77.9	0.106	5.43

　　氮气吸脱附技术用来分析所制备催化剂的孔类型和孔径。根据 IUPAC
（国际纯粹与应用化学联合会）的分类，0.06 Mn-FeO$_x$/CNTs-OSR 和
Mn-FeO$_x$/CNTs-TIM 催化剂呈现Ⅳ型曲线且具有 H3 型滞回线（图 4-25），
表明生成了介孔催化剂。此外，两种催化剂的孔径主要集中在 2.96nm，
进一步说明生成了介孔催化剂。

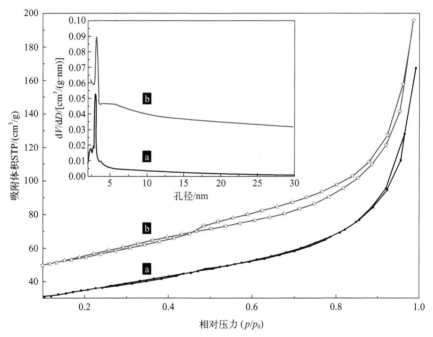

图 4-25　N$_2$吸脱附和孔径分布曲线：a—0.06 Mn-FeO$_x$/CNTs-OSR 催化剂；
b—Mn-FeO$_x$/CNTs-TIM 催化剂

4.5.8　Mn-FeO$_x$/CNTs-OSR 脱硝催化剂的脱硝率分析

　　图 4-26 为催化剂的 NO 转化率随温度的变化曲线。可以明显地看出，

随着温度的升高,所制备的催化剂 NO 转化率在 80～180℃之间逐渐升高。对于 Mn-FeO$_x$/CNTs-OSR 催化剂,它们具有出色的低温 SCR 性能,且其在 80～180℃温度下的脱硝率达到 44.0%～83.7%。值得说明的是,0.06 Mn-FeO$_x$/CNTs-OSR 催化剂呈现最佳的脱硝活性,其在 80～180℃温度下的脱硝率达到 65.9%～83.7%。对于 Mn-FeO$_x$/CNTs-TIM 催化剂,该催化剂在 80～180℃温度下的脱硝率仅能达到 39.1%～55.9%。上述结果表明一步氧化还原法制备的催化剂低温 SCR 活性优于传统浸渍法制备的催化剂。

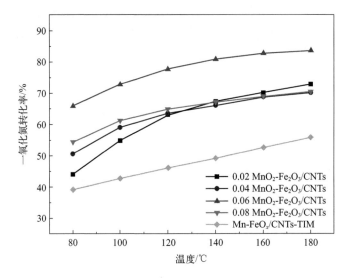

图 4-26　催化剂的 NO 转化率随温度的变化曲线

4.5.9　Mn-FeO$_x$/CNTs-OSR 脱硝催化剂的循环和长周期稳定性能测试

在实际的应用过程中,催化剂的循环和长周期稳定性是一个关键的指标。对于循环稳定性,最佳 0.06 Mn-FeO$_x$/CNTs-OSR 催化剂的脱硝活性一直维持在初始水平,说明该催化剂具有出色的循环稳定性 [图 4-27(a)],这利于催化剂的长周期工作。由长周期稳定性测试结果可知,0.06 Mn-FeO$_x$/CNTs-OSR 催化剂的脱硝活性也一直和初始水平相当 [图 4-27 (b)],这通常利于催化剂的稳定工作。

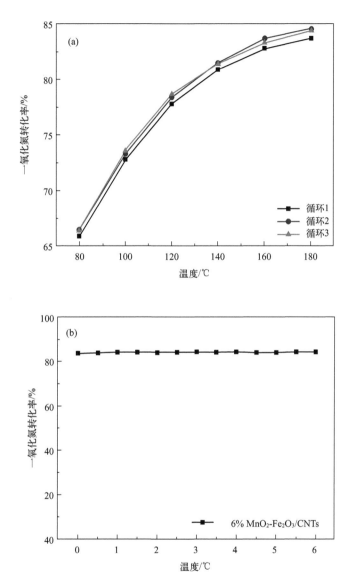

图 4-27 0.06 Mn-FeO$_x$/CNTs-OSR 催化剂的循环和长周期稳定性测试结果

4.6 小结

① 运用等体积浸渍法制备了低温脱硝活性更好的 Mn-CuO$_x$/CNTs 催

化剂，所获得的催化剂在 $120 \sim 180{}^{\circ}\mathrm{C}$ 间的脱硝率达到 $42.7\% \sim 77.3\%$。最佳催化剂（$6\%\ \mathrm{Mn\text{-}CuO}_x/\mathrm{CNTs}$）在 $80 \sim 180{}^{\circ}\mathrm{C}$ 间的脱硝率达到 $46.5\% \sim 77.3\%$，且其具有优良的循环和长周期稳定性，这可能得益于催化剂中形成了弱结晶型或高分散性的 $\mathrm{MnO_2}$ 和 CuO 活性组分及较高的表面氧含量。

② 采用聚多巴胺（PDOPA）仿生材料对 CNTs 进行温和表面改性，赋予 CNTs 二次功能化平台，得到官能团化 PDOPA@CNTs。利用高锰酸钾和氯化铁之间的氧化还原反应，结合 PDOPA@CNTs 上邻苯二酚官能团的螯合作用，实现 Mn-Fe 混合氧化物活性组分在 CNTs 表面的原位负载，得到低温脱硝活性优良的 $\mathrm{Mn\text{-}FeO}_x/\mathrm{PDOPA@CNTs}$ 催化剂。最佳 $0.07\ \mathrm{Mn\text{-}FeO}_x/\mathrm{PDOPA@CNTs}$ 催化剂的活性组分为高价态的 $\mathrm{MnO_2}$ 和 $\mathrm{Fe_2O_3}$，表面氧相对含量达到 76.9%，其在 $80 \sim 180{}^{\circ}\mathrm{C}$ 的脱硝率达到 $39.7\% \sim 77.2\%$，且具有良好的长周期稳定性能。

③ 基于十二烷基苯磺酸钠的表面改性及高锰酸钾和氯化铁之间的温和氧化还原反应，实现了 $\mathrm{Mn\text{-}FeO}_x/\mathrm{PPS}$ 复合滤料的原位制备。所制备的 $\mathrm{Mn\text{-}FeO}_x/\mathrm{PPS}$ 复合滤料在 $80 \sim 180{}^{\circ}\mathrm{C}$ 之间呈现 $17.9\% \sim 99.2\%$ 的脱硝率。最佳复合滤料（$1.0\ \mathrm{Mn\text{-}FeO}_x/\mathrm{PPS}$）在测试温度范围内的脱硝率达到 $35.7\% \sim 99.2\%$，且具有优良的循环和长周期稳定性能。复合滤料取得优良低温脱硝活性、循环稳定性和长周期稳定性的可能原因有以下两个方面：活性组分为高活性的无定形或高分散型纳米颗粒；活性组分为高价态的 $\mathrm{MnO_2}$ 和 $\mathrm{Fe_2O_3}$ 金属氧化物。

④ 采用一步氧化还原法制备了纳米片状的 $\mathrm{Mn\text{-}FeO}_x/\mathrm{CNTs\text{-}OSR}$ 催化剂，该催化剂的活性组分为高价态、低结晶性的 $\mathrm{MnO_2}$ 和 $\mathrm{Fe_2O_3}$，促使该催化剂在 $80 \sim 180{}^{\circ}\mathrm{C}$ 温度下的脱硝率达到 $65.9\% \sim 83.7\%$ 且具有出色的循环和长周期稳定性。

第5章
掺杂贵金属的锰氧化物基
脱硝催化剂

5.1　引言

固定源排放的氮氧化物会带来酸雨、臭氧破坏、光化学污染和温室效应等问题。因此，一系列氮氧化物脱除技术得到了研究和应用，其中用氨气选择性催化还原一氧化氮（SCR）技术得到了商业应用。但是，V基催化剂作为SCR技术的核心存在运行温度窗口高（300～400℃）、钒氧化物有毒和制备方法复杂等问题。

MnO_x含有多种活动氧，这有利于催化剂的催化循环，同时，一系列研究表明MnO_x催化剂具有出色的SCR活性[83,87,121]。要指出的是，MnO_x催化剂的低温SCR活性遵循以下顺序[59,132]：$MnO_2 > Mn_5O_8 > Mn_2O_3 > Mn_3O_4 > MnO$。因此，如何得到高价态的$MnO_x$是提高催化剂低温SCR活性的关键。但是，前期所报道的高温煅烧或高压水热法通常得到混合价态的MnO_x催化剂，这会导致高价态MnO_x含量的降低，进而影响催化剂活性。此外，上述MnO_x催化剂的制备方法存在操作不简便和安全性不高等局限性。因此，开发简单的MnO_x催化剂制备方法具有重要意义。

负载型锰基催化剂有用量小、比面积大等优点。目前负载型锰基催化剂主要是以TiO_2[31]、Al_2O_3、分子筛和碳基材料为载体制备所得。分子筛载体由于具有丰富的孔道结构和较大的比表面积，经常被选作低温脱硝催化剂的载体[32]。基于负载型催化剂的优点，本章选取埃洛石纳米管（HNTs）作为活性组分载体，用于制备负载型脱硝催化剂。

贵金属铱具有出色的抗二氧化硫性能[13,168]，因此在锰氧化物基催化剂中引入贵金属铱有助于提升SCR催化剂的抗二氧化硫性能，提升催化剂的工况运行周期，具有较好的理论和实际意义。铁氧化物（FeO_x）具有出色的低温脱硝活性和抗SO_2性能，其被广泛用于低温脱硝领域。为此，本章通过掺杂的方式分别制备了低温脱硝性能优良的掺杂贵金属的$Ir-MnO_x/HNTs$脱硝催化剂和$Ir-Mn-FeO_x/HNTs$脱硝催化剂，研究了催化剂的结构与性能，确立了结构与性能之间的构效关系。

5.2 Ir-MnO$_x$/HNTs 脱硝催化剂

5.2.1 Ir-MnO$_x$/HNTs 脱硝催化剂的制备

5.2.1.1 载体 HNTs 的制备

埃洛石纳米管（HNTs）具有价格低廉和长径比一定的特点，因此采用埃洛石纳米管作为催化剂载体。首先探讨处理方法对 HNTs 载体性能的影响。实验室采用酸化的方法对 HNTs 载体进行改性处理，因为酸化能去除 HNTs 中的杂质，且在 HNTs 表面生成功能基团，提高活性组分的附着力。具体改性处理步骤如下：

① 将 6g HNTs 与一定比例的去离子水和硝酸在 250mL 烧杯中室温搅拌 12h。为防止搅拌过程中烧杯中液体飞溅，用保鲜膜封住烧杯口。

② 将反应 12h 后的分散液倒入装有 1000mL 去离子水的烧杯中，静置 12h 后溶液上下分层明显，上层为无色上清液，下层为裸粉色沉淀物。

③ 倒掉上清液，对下层的沉淀物进行抽滤。滤饼用去离子水洗 5 遍，直至溶液变为中性，再用无水乙醇少量多次洗 5 遍。将洗后的滤饼放入 85℃ 干燥箱中烘 12h。

④ 将干燥后的滤饼取出（滤饼呈现裸粉色），用玛瑙研钵进行研磨，研磨完成后装入密封袋备用。

5.2.1.2 Ir-MnO$_x$ 活性组分在 HNTs 表面的原位负载

实验室中采用高锰酸钾与氯铱酸之间的氧化还原反应，实现 Ir-MnO$_x$ 活性组分于 HNTs 载体的原位负载。具体步骤如下：

① 取 0.8g HNTs、50mL 去离子水和一定量的氯铱酸分散于 250mL 的烧杯中，接着将烧杯置于超声波清洗器中超声分散 2min。取出烧杯并加入转子放置于搅拌器中室温搅拌 12h，分散液呈现乳黄色。为防止搅拌过程中溶液飞溅，用保鲜膜封住烧杯口。

② 将一定量的高锰酸钾溶于 50mL 去离子水中，并将烧杯置于超声波清洗器中超声 2min，随后将上述溶液缓慢地倒入 HNTs 和氯铱酸分散液

中，接着在34℃下搅拌反应12h，溶液由乳黄色变为褐色。

③ 用真空泵进行抽滤，用去离子水对得到的滤饼进行水洗（5次），再用无水乙醇少量多次洗5次，接着将洗后的滤饼放入85℃干燥箱中烘12h。

④ 将干燥结束的滤饼（滤饼呈现深褐色）取出，然后用玛瑙研钵将滤饼研磨成颗粒后装入自封袋备用。要说明的是，在负载过程中取用的HNTs质量相同，根据（Ir-MnO$_x$）：HNTs（摩尔比）不同，制备不同负载量的脱硝催化剂并进行脱硝活性测试。

5.2.2　Ir-MnO$_x$/HNTs 脱硝催化剂的脱硝率分析

图5-1为催化剂的脱硝率随温度的变化趋势。由图可知，在测试温度范围内，Ir-MnO$_x$/HNTs 催化剂的脱硝率随温度升高而增加，呈现较好的温度变化趋势。随着活性组分负载量增加，Ir-MnO$_x$/HNTs 催化剂的脱硝率也呈现升高趋势（负载量为0.02~0.06），其在180~300℃温度范围内的脱硝率达到33.5%~89.4%。要说明的是，当活性组分负载量为0.06（摩尔比）时，0.06 Ir-MnO$_x$/HNTs 催化剂在180~300℃温度范围内取得最佳的脱硝率，其脱硝率达到75.8%~89.4%，呈现出色的中低温脱硝活性。

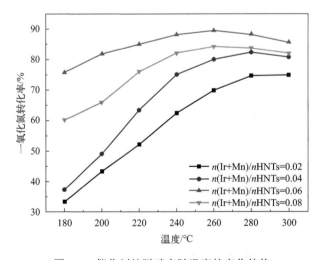

图 5-1　催化剂的脱硝率随温度的变化趋势

5.2.3　Ir-MnO$_x$/HNTs 脱硝催化剂的 XRD 分析

XRD 用来研究试样的组成及结晶状态。由图 5-2 可知，所有试样在 2θ 为 12.2°、20.3°、27.2°、36.3°、62.2°处有明显的衍射峰，这归属于埃洛石纳米管（HNTs）的特征衍射峰。对于改性后的 HNTs［图 5-2 中 (2)］，能在 XRD 图谱上观察到显著的 2θ 衍射峰，其峰位置分别位于 12.2°、20.3°、27.2°、36.3°、62.2°处，这与未改性 HNTs 的衍射峰位置一致，表明酸改性没有改变 HNTs 的结构。

对于不同负载量的 Ir-MnO$_x$/HNTs 催化剂［图 5-2 中（3）～（7）］，XRD 图谱上只能观察到典型的 HNTs 衍射峰，没有 MnO$_x$、IrO$_x$ 活性组分的衍射峰，可能归因于形成了无定形或纳米结构的活性组分。通常情况下，无定形或纳米结构的活性组分有利于催化剂脱硝活性的提高。

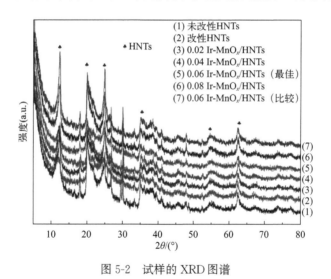

图 5-2　试样的 XRD 图谱

5.2.4　0.06 Ir-MnO$_x$/HNTs 脱硝催化剂的抗 SO$_2$ 测试前后 XRD 分析

催化剂结构稳定性影响其脱硝和抗 SO$_2$ 性能。因此，对 0.06 Ir-MnO$_x$/HNTs 催化剂在抗 SO$_2$ 测试前后进行了 XRD 表征。结果（图 5-3）

显示，抗 SO_2 测试后，Ir-MnO_x/HNTs 催化剂 XRD 衍射峰的位置和强度与测试之前基本一致，呈现良好的结构稳定性，这通常有利于提高催化剂的脱硝活性和抗 SO_2 性能。

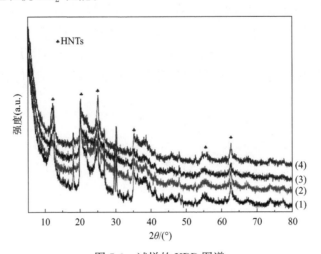

图 5-3　试样的 XRD 图谱
（1）原始 HNTs；（2）酸处理 HNTs；（3）抗 SO_2 测试前 0.06 Ir-MnO_x/HNTs；
（4）抗 SO_2 测试后 0.06 Ir-MnO_x/HNTs

5.2.5　0.06 Ir-MnO$_x$/HNTs 脱硝催化剂的 TEM 分析

为了进一步研究催化剂的微观结构和活性组分组成，对最佳催化剂（0.06 Ir-MnO_x/HNTs）进行了 TEM 表征。由图 5-4（a）可知，催化剂活性组分以纳米颗粒形式分散于 HNTs 表面，不存在明显的团聚现象，这利于催化剂脱硝活性的提高。由图 5-4（b）可以进一步看出，纳米颗粒状活性组分均匀负载于 HNTs 表面，高度分散性的活性组分通常有助于提高催化剂的脱硝活性。EDS 谱图检测到［图 5-4(c)］了 Mn、Ir、O 信号，表明 Mn、Ir、O 元素的存在。

5.2.6　空速对 Ir-MnO$_x$/HNTs 脱硝催化剂脱硝率的影响

空速是影响催化剂活性的主要因素之一。为此，对不同空速条件下 0.06 Ir-MnO_x/HNTs 催化剂的脱硝性能进行了分析。结果（图 5-5）表明，在不同空速条件下，180～260℃范围内，0.06 Ir-MnO_x/HNTs 催化

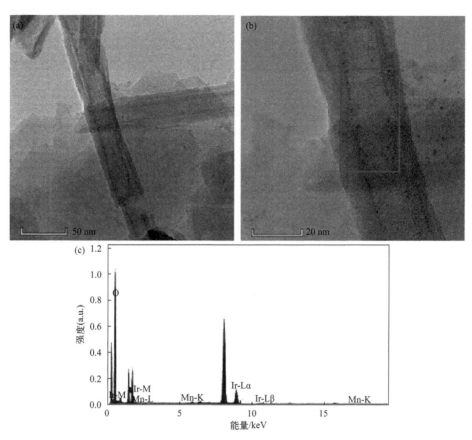

图 5-4　0.06 Ir-MnO$_x$/HNTs 催化剂 TEM 和 EDS 图谱

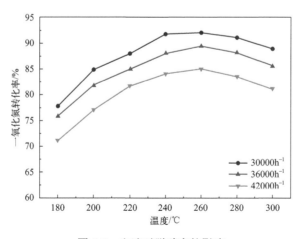

图 5-5　空速对脱硝率的影响

剂的脱硝率随着温度的升高而提升，呈现良好温度变化性质。随着空速的增加，0.06 Ir-MnO$_x$/HNTs 催化剂的脱硝率呈现递减趋势，说明高空速不利于催化剂脱硝性能的提高。

5.2.7 0.06 Ir-MnO$_x$/HNTs 脱硝催化剂的循环和长周期稳定性能测试

催化剂的循环稳定性是影响催化剂性能的重要指标。由图 5-6 可知，经过第二次循环，0.06 Ir-MnO$_x$/HNTs 催化剂的脱硝性能较第一次有稍微提升，这可能归因于催化剂中表面吸附水的高温挥发。经过第三次循环，0.06 Ir-MnO$_x$/HNTs 催化剂的脱硝率基本与第二次测试循环过程中催化剂的脱硝率一致，显示较好的循环稳定性。

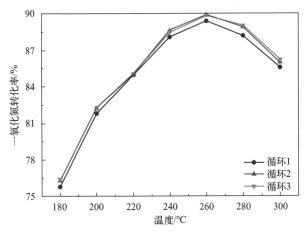

图 5-6 0.06 Ir-MnO$_x$/HNTs 催化剂的循环稳定性测试结果

催化剂的长周期稳定性测试结果见图 5-7。由图可知，0.06 Ir-MnO$_x$/HNTs 催化剂在经过 10h 的测试，其脱硝率基本维持在初始水平（89.4%），具有较好的长周期稳定性，这有助于催化剂的长周期稳定运行。

5.2.8 0.06 Ir-MnO$_x$/HNTs 脱硝催化剂的抗 SO$_2$ 性能测试

脱硝催化剂的抗 SO$_2$ 性能是决定催化剂性能的关键因素之一。因此，对 0.06 Ir-MnO$_x$/HNTs 催化剂进行了抗 SO$_2$ 性能测试，结果见图 5-8。

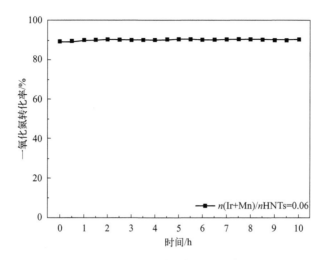

图 5-7　0.06 Ir-MnO$_x$/HNTs 催化剂的长周期稳定性测试结果

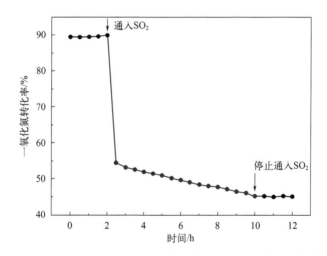

图 5-8　0.06 Ir-MnO$_x$/HNTs 催化剂的抗 SO$_2$ 性能测试结果

在通入 SO$_2$ 之前，0.06 Ir-MnO$_x$/HNTs 催化剂的脱硝率一直维持在 89.4%，显示了出色的脱硝稳定性。通入 SO$_2$ 后，0.06 Ir-MnO$_x$/HNTs 催化剂的脱硝率呈现下降趋势。经过 10h 测试，0.06 Ir-MnO$_x$/HNTs 催化剂的脱硝率变为 45.2%。之后，0.06 Ir-MnO$_x$/HNTs 催化剂的脱硝率维持在 45.2%。由抗 SO$_2$ 测试结果可知，0.06 Ir-MnO$_x$/HNTs 催化剂具有一定抗 SO$_2$ 性能，但是对其抗 SO$_2$ 性能的研究仍有较多工作要做。

5.3　Ir-Mn-FeO$_x$/HNTs 脱硝催化剂

5.3.1　Ir-Mn-FeO$_x$/HNTs 脱硝催化剂的制备

5.3.1.1　HNTs 酸化改性

埃洛石纳米管（HNTs）改性方法中比较常见的是酸化改性，通过酸处理可以降低 HNTs 中所含有的杂质并增加 HNTs 的表面官能团含量。常用的酸性溶液有硫酸、盐酸、硝酸等，本实验采用 65％～68％的浓硝酸来处理 HNTs。具体步骤如下：

① 将 6g 的 HNTs 和 120mL 硝酸（65％～68％）放入 200mL 的烧杯中，加入转子，用保鲜膜密封，接着在集热式恒温加热磁力搅拌器上 50℃搅拌反应 12h。

② 将反应结束的分散液倒入装有去离子水的大烧杯中静置分层，随后倾倒掉上层澄清液，接着对下层的分散液进行抽滤，分别用去离子水、无水乙醇各洗涤 3 次。

③ 将步骤②抽滤、洗涤得到的滤饼置于培养皿中，再将其盛放在电热鼓风干燥箱中 90℃干燥 12h，随后用玛瑙研钵将干燥后经酸处理的 HNTs 研磨成细粉状备用。

5.3.1.2　Ir-Mn-FeO$_x$/HNTs 脱硝催化剂的制备

实验采用氯铱酸、高锰酸钾与氯化铁间的氧化还原反应，将活性组分原位负载于载体 HNTs 上。具体制备方法如下：

① 将 0.8g 酸处理 HNTs 分散于 50mL 去离子水中，超声 10min；加入 0.02802g H$_2$IrCl$_6$ 和 0.00884g FeCl$_3$ 并搅拌 12h。

② 在步骤①的分散液中加入去离子水 50mL（含 0.02579g 高锰酸钾），并在 40℃温度下搅拌反应 12h。

③ 将步骤②反应得到的分散液用滤膜抽滤，接着分别用去离子水、无水乙醇各洗 3 次，得到褐色滤饼。将滤饼放入 120℃干燥箱中干燥过夜，随后将干燥完成的滤饼用玛瑙研钵研磨至细粉状，得到 0.1 Ir-Mn-FeO$_x$/HNTs 脱硝催化剂并用于结构和性能表征与测试。

④ 用同样的方法，在负载过程中取用质量相同的酸化的 HNTs，分别制备负载量为 0.2、0.4、0.6、0.8 [(H$_2$IrCl$_6$＋KMnO$_4$＋FeCl$_3$)/HNTs（摩尔比)] 的脱硝催化剂并用于结构和活性表征。

5.3.2　Ir-Mn-FeO$_x$/HNTs 脱硝催化剂脱硝率随温度的变化

图 5-9 为不同负载量的 Ir-Mn-FeO$_x$/HNTs 脱硝催化剂的 NO 转化率随温度的变化趋势。随着温度的升高，所有负载量的 Ir-Mn-FeO$_x$/HNTs 催化剂在 80～200℃温度下的 NO 转化率均随着温度的升高而增加。当温度高于 200℃时，Ir-Mn-FeO$_x$/HNTs 脱硝催化剂的 NO 转化率呈现一定的下降趋势，可能原因是温度升高导致了催化剂活性组分的烧结，使其转化率降低。上述结果表明，Ir-Mn-FeO$_x$/HNTs 脱硝催化剂的低温催化活性好，但是温度窗口不够宽。当负载量较低时，催化剂的脱硝活性不佳，其原因可能是负载量较低导致活性组分负载少，从而影响催化剂的脱硝率。随着负载量的增加，Ir-Mn-FeO$_x$/HNTs 脱硝催化剂的脱硝活性随之升高，其中 0.6 Ir-Mn-FeO$_x$/HNTs 催化剂的脱硝率在测试温度范围内基本呈现最佳的脱硝活性，其在 80～300℃温度下的脱硝率达到 44.29%～82.22%。

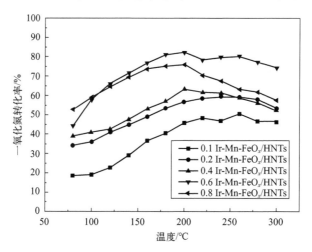

图 5-9　Ir-Mn-FeO$_x$/HNTs 催化剂的脱硝率随温度的变化趋势

5.3.3　最佳负载量催化剂与对比实验催化剂脱硝率分析

图 5-10 为不同制备方法获得的催化剂脱硝率随温度的变化趋势。由图

可知，利用氧化还原共沉淀法制备的 Ir-Mn-FeO$_x$/HNTs 脱硝催化剂的脱硝率在测试温度范围内可达到 44.29%～82.22%。采用等体积浸渍法所制备的催化剂脱硝率随温度的升高呈现不稳定的趋势，其脱硝率在测试温度范围内仅能达到 17.86%～31.69%。上述结果表明，氧化还原共沉淀法有利于制备高活性的 Ir-Mn-FeO$_x$/HNTs 脱硝催化剂，这为相关脱硝催化剂的研究和应用提供了一定理论和数据支撑。

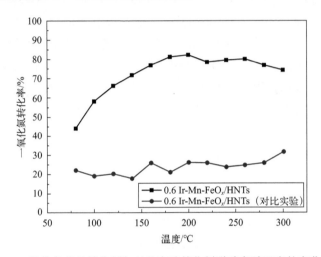

图 5-10　最佳负载量催化剂与对比实验催化剂脱硝率随温度的变化趋势

5.3.4　Ir-Mn-FeO$_x$/HNTs 脱硝催化剂的 XRD 分析

为了研究催化剂的结晶状态，利用 XRD 对埃洛石纳米管原样、酸化后的埃洛石纳米管以及不同负载量催化剂样品进行了表征（图 5-11）。由于载体本身特征，埃洛石纳米管的衍射峰较多，在此主要研究埃洛石纳米管载体及催化剂活性组分的晶型结构变化。由图可知，在 2θ 为 12°、20°、27°、36°、62°处具有显著的埃洛石纳米管特征衍射峰；埃洛石纳米管经过酸化和活性组分负载后，能够从 XRD 图谱上观察到典型的埃洛石纳米管衍射峰，表明酸化和活性组分负载没有影响埃洛石纳米管的结构。要指出的是，埃洛石纳米管的典型 XRD 衍射峰强度在负载活性组分后有所降低，可能原因是活性组分和埃洛石纳米管之间存在强相互作用。

对于浸渍法制备的催化剂［图 5-11 中(8)］，从 XRD 图谱上能在 2θ 为 33°处观察到归属于 Fe$_2$O$_3$ 的衍射峰，表明浸渍法制备的催化剂中生成了

结晶型 Fe_2O_3 活性组分，可能原因是 350℃的焙烧促进了结晶 Fe_2O_3 活性组分的生成。通常情况下，结晶型活性组分不利于催化剂脱硝活性的提高，这与脱硝率测试结果一致。对于氧化还原法制备的催化剂［图 5-11 中(2)~(7)］，XRD 图谱上不存在对应于锰氧化物、铁氧化物和铱氧化物的典型衍射峰，表明生成了无定形或弱结晶型催化剂，通常利于催化剂脱硝活性的提高，这也与脱硝率测试结果一致。

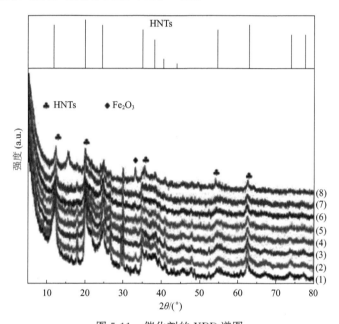

图 5-11　催化剂的 XRD 谱图

(1) 原始 HNTs；(2) 硝酸处理 HNTs；(3) 0.1 Ir-Mn-FeO$_x$/HNTs；(4) 0.2 Ir-Mn-FeO$_x$/HNTs；
(5) 0.4 Ir-Mn-FeO$_x$/HNTs；(6) 0.6 Ir-Mn-FeO$_x$/HNTs；
(7) 0.8 Ir-Mn-FeO$_x$/HNTs；(8) 0.6 Ir-Mn-FeO$_x$/HNTs（对比实验）

5.3.5　0.6 Ir-Mn-FeO$_x$/HNTs 脱硝催化剂的 TEM 分析

由图 5-12 (a) 可知，催化剂以纳米片状负载于 HNTs 表面。通过图 5-12 (b) 能进一步观察到活性组分呈现纳米片状，且没有明显的团聚现象，这有利于催化剂脱硝活性的提高。要说明的是，HRTEM ［图 5-12 (c)］观测不到对应锰氧化物、铁氧化物或者铱氧化物晶体的晶格条纹，表明形成了无定形活性组分。通常情况下，无定形活性组分有助于催化剂低温脱硝活性的提高。

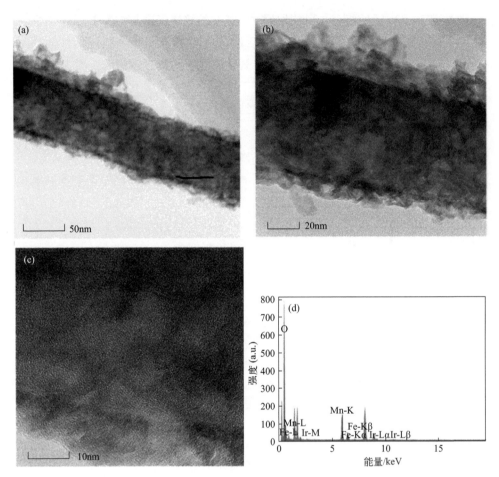

图 5-12　0.6 Ir-Mn-FeO$_x$/HNTs 催化剂的相关图谱：（a）和（b）TEM 分析图谱；
（c）HRTEM 分析图谱；（d）EDX 图谱

5.3.6　Ir-Mn-FeO$_x$/HNTs 脱硝催化剂的 TG 分析

催化剂的热稳定性关系其长周期稳定性能。图 5-13 为 HNTs 原样、酸处理 HNTs 和氧化还原共沉淀法所制备的 0.6 Ir-Mn-FeO$_x$/HNTs 催化剂的热重（TG）曲线。由图可知，三种试样在 100～300℃之间存在一定失重现象，这可能归因于表面吸附水和低沸点物质的脱附。随着温度的升高，当温度达到 400℃时，三种试样都存在显著的失重现象，其中酸处理 HNTs 试样的失重率小于 HNTs 原样，表明酸处理能够有效去除 HNTs

表面的不稳定组分。负载活性组分后，氧化还原共沉淀法所制备的 0.6 Ir-Mn-FeO$_x$/HNTs 催化剂在 800℃时的残炭量高于 HNTs 原样，说明有活性组分负载于 HNTs 表面。

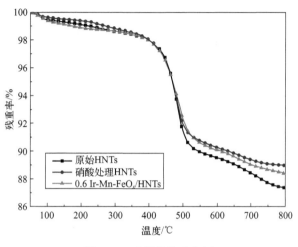

图 5-13　试样的热重分析

5.3.7　0.6 Ir-Mn-FeO$_x$/HNTs 脱硝催化剂的抗硫性能测试

脱硝催化剂的失活是一个复杂的物理和化学过程，造成催化剂失活的原因主要有烧结、堵塞、中毒等，其中催化剂中毒是最主要的原因。催化剂的中毒失活会影响催化剂使用寿命和稳定性，因此需要对催化剂的中毒失活原因进行研究。

由图 5-14 可知，通入 SO$_2$ 之前（200℃），0.6 Ir-Mn-FeO$_x$/HNTs 催化剂在测试周期内的脱硝率呈现小幅度降低趋势；通入 SO$_2$ 0.5h 后，0.6 Ir-Mn-FeO$_x$/HNTs 催化剂的脱硝率下降明显；再经过 4.5h 之后，0.6 Ir-Mn-FeO$_x$/HNTs 催化剂的脱硝率稳定在 25%；在第 10h 时停止通入 SO$_2$，0.6 Ir-Mn-FeO$_x$/HNTs 催化剂的脱硝率仍有小幅度减小，这说明该条件下催化剂的中毒不可逆转。SO$_2$ 中毒的原因可能是由于 SO$_2$ 与锰氧化物、铁氧化物反应生成了低活性的硫酸盐，造成活性组分失活；也可能是由于 SO$_2$ 与配位态 NH$_3$ 或 NH$_4^+$ 反应生成了（NH$_4$)$_2$SO$_4$，反应中间产物硝酸铵和亚硝酸铵的量变少，导致催化剂的脱硝率降低。

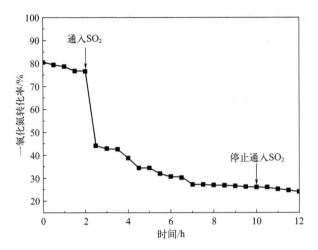

图 5-14　0.6 Ir-Mn-FeO$_x$/HNTs 催化剂的抗 SO$_2$ 性能测试结果

5.3.8　0.6 Ir-Mn-FeO$_x$/HNTs 脱硝催化剂的长周期稳定性能测试

在实际应用中，催化剂的长周期稳定性也是评价催化剂性能的一项至关重要的指标，因此本书对催化剂的长周期稳定性进行了测试。图 5-15 为 0.6 Ir-Mn-FeO$_x$/HNTs 催化剂在 200℃时的长周期稳定性测试结果。本次测试共 10h，每隔 30min 用烟气分析仪测试一次。由图 5-15 可以看出，0.6 Ir-Mn-FeO$_x$/HNTs 催化剂的脱硝率在整个测试周期内没有明显的降

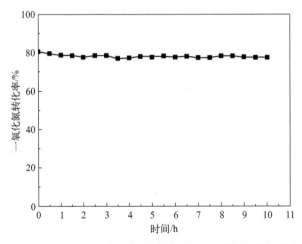

图 5-15　0.6 Ir-Mn-FeO$_x$/HNTs 催化剂的长周期稳定性测试结果

低现象，说明 0.6 Ir-Mn-FeO$_x$/HNTs 催化剂具有较好的长周期稳定性能。测试初期，0.6 Ir-Mn-FeO$_x$/HNTs 催化剂的脱硝率在 80.55%；经过 10h 的测试，0.6 Ir-Mn-FeO$_x$/HNTs 催化剂的脱硝率仍维持在 77% 以上，与其初始脱硝率基本持平，呈现良好的长周期稳定性，这有利于催化剂的长周期稳定运行。

5.3.9 0.6 Ir-Mn-FeO$_x$/HNTs 脱硝催化剂的循环稳定性能测试

在实际应用中，催化剂的循环稳定性是影响催化剂性能的另一个重要指标，因此本书对催化剂的循环稳定性进行了测试。图 5-16 为 0.6 Ir-Mn-FeO$_x$/HNTs 催化剂在 200℃ 温度下的循环稳定性测试结果。由循环稳定性结果可知，0.6 Ir-Mn-FeO$_x$/HNTs 催化剂经过两次循环后，脱硝率不存在显著的下降趋势，且高于其初始脱硝率，这可能是因为温度的升高使催化剂表面的吸附水得以脱除，提高了催化剂的脱硝率，这关联于催化剂的 TG 测试结果。

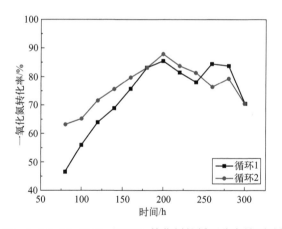

图 5-16 0.6 Ir-Mn-FeO$_x$/HNTs 催化剂的循环稳定性测试结果

5.4 小结

① 基于贵金属掺杂所制备的 Ir-MnO$_x$/HNTs 催化剂，在 180～300℃ 中低温条件下具有出色的脱硝活性，其中 0.06 Ir-MnO$_x$/HNTs 最佳脱硝

催化剂在测试温度范围内的脱硝率达到 $75.8\%\sim89.4\%$，呈现出色的中低温脱硝活性，且其具有较好的循环和长周期稳定性。要说明的是，0.06 Ir-MnO_x/HNTs 最佳脱硝催化剂的抗 SO_2 性能需要进一步提升，以满足工况条件下的应用。

② 利用氯铱酸、高锰酸钾与氯化铁间的氧化还原反应，实现活性组分在埃洛石纳米管表面的负载，得到低温脱硝活性优良的不同（H_2IrCl_6＋$KMnO_4$＋$FeCl_3$）/HNTs（摩尔比）的 Ir-Mn-FeO_x/HNTs 催化剂。0.6 Ir-Mn-FeO_x/HNTs 催化剂具有较高的催化活性，其在 $80\sim300℃$ 之间的脱硝率达到 $44.29\%\sim82.22\%$，尤其是在 200℃时 NO 转化率高达 82.22%，且具有较好的长期稳定性以及循环稳定性能。但是，该催化剂的抗硫性能仍存在提升空间，不利于在 SO_2 的工况下使用，需要进一步研究。

参考文献

[1] 梁睿，李嘉翔，巩敦卫，等.全清洁能源下的高品质矿区能源系统配置优化方法 [J].煤炭学报，2024，49（3）：1669-1679.

[2] 郭立新，巴琦，秦传玉.空气污染控制工程 [M].北京：北京大学出版社，2012.

[3] 廖雷，解庆林，魏建文.大气污染控制工程 [M].北京：中国环境科学出版社，2012.

[4] 周乃君，马爱纯，涂福炳，等.能源与环境 [M].长沙：中南大学出版社，2013.

[5] 车得福.煤氮热变迁与氮氧化物生成 [M].西安：西安交通大学出版社，2013.

[6] Bosch H，Janssen F. Formation and control of nitrogen oxides [J]. Catalysis Today，1988，2 （4）：369-379.

[7] 西安热工研究院.火电厂 SCR 烟气脱硝技术 [M].北京：中国电力出版社，2013.

[8] 生态环境部.2019 年中国生态环境统计年报 [R].北京，2019.

[9] 生态环境部.2020 年中国生态环境统计年报 [R].北京，2020.

[10] 生态环境部.2021 年中国生态环境统计年报 [R].北京，2021.

[11] 生态环境部.2022 年中国生态环境统计年报 [R].北京，2022.

[12] Zha K W，Kang L，Feng C，et al. Improved NO_x reduction in the presence of alkali metals by using hollandite Mn-Ti oxide promoted Cu-SAPO-34 catalysts [J]. Environmental Science：Nano，2018，5（6）：1408-1419.

[13] Yuan H Y，Sun N N，Chen J F，et al. Insight into the NH_3-assisted selective catalytic reduction of NO on β-MnO_2（110）：Reaction mechanism，activity descriptor，and evolution from a pristine state to a steady state [J]. ACS Catalysis，2018，8（10）：9269-9279.

[14] Wei L J，Cheng R P，Mao H J，et al. Combustion process and NO_x emissions of a marine auxiliary diesel engine fuelled with waste cooking oil biodiesel blends [J]. Energy，2018，144：73-80.

[15] Vos J G，Wezendonk T A，Jeremiasse A W，et al. MnO_x/IrO_x as selective oxygen evolution electrocatalyst in acidic chloride solution [J]. Journal of the American Chemical Society，2018，140（32）：10270-10281.

[16] Tang C，Wang H，Dong S C，et al. Study of SO_2 effect on selective catalytic reduction of NO_x with NH_3 over Fe/CNTs：The change of reaction route [J]. Catalysis Today，2018，307：2-11.

[17] Odenbrand C U. $CaSO_4$ deactivated V_2O_5-WO_3/TiO_2 SCR catalyst for a diesel power plant. Characterization and simulation of the kinetics of the SCR reactions [J]. Applied Catalysis B：Environmental，2018，234：365-377.

[18] Ma Y G，Zhang D Y，Sun H M，et al. Fe-Ce mixed oxides supported on carbon nanotubes for simultaneous removal of NO and Hg^0 in flue gas [J]. Industrial & Engineering Chemistry

Research，2018，57（9）：3187-3194.

[19] Liu Z M，Feng X，Zhou Z Z，et al. Ce-Sn binary oxide catalyst for the selective catalytic reduction of NO_x by NH_3 [J]. Applied Surface Science，2018，428：526-533.

[20] Liu J，Guo R T，Li M Y，et al. Enhancement of the SO_2 resistance of Mn/TiO_2 SCR catalyst by Eu modification：A mechanism study [J]. Fuel，2018，223：385-393.

[21] Gao C，Shi J E，Fan Z Y，et al. " Fast SCR" reaction over Sm-modified MnO_x-TiO_2 for promoting reduction of NO_x with NH_3 [J]. Applied Catalysis A：general，2018，564：102-112.

[22] 周佳丽. Mn 系低温 SCR 脱硝催化剂形貌调控及其构效关系 [D]. 天津：天津大学，2017.

[23] 唐昊，李文艳，王琦，等. 商用选择性催化还原催化剂 SO_2 氧化率控制研究进展 [J]. 化工进展，2017，36（6）：2143-2149.

[24] 张燕华. 用于氮氧化物低温选择性催化还原的 Fe-Mn 基催化剂的制备和性能研究 [D]. 南昌：南昌大学，2012.

[25] Houghton J T，Callander B A，Varney S K. Climate change 1992：The supplementary report to the IPCC scientific assessment [M]. Cambridge：Cambridge University Press，1992.

[26] Luo S P，Zhou W T，Xie A J，et al. Effect of MnO_2 polymorphs structure on the selective catalytic reduction of NO_x with NH_3 over TiO_2-Palygorskite [J]. Chemical Engineering Journal，2016，286：291-299.

[27] Varatharajan K，Cheralathan M，Velraj R. Mitigation of NO_x emissions from a jatropha biodiesel fuelled DI diesel engine using antioxidant additives [J]. Fuel，2011，90（8）：2721-2725.

[28] 中国国家统计局. 2021 年我国能源生产总量和消费总量 [R]. 北京，2022.

[29] 中国国家统计局. 2020 年我国能源生产总量和消费总量 [R]. 北京，2021.

[30] 中国国家统计局. 2019 年我国能源生产总量和消费总量 [R]. 北京，2020.

[31] 中国国家统计局. 2018 年我国能源生产总量和消费总量 [R]. 北京，2019.

[32] 中华人民共和国国务院办公厅. 能源发展战略行动计划（2014~2020 年）[R]. 北京，2014.

[33] 生态环境部. 2022 年中国生态环境状况公报 [R]. 北京，2023.

[34] 生态环境部. 2023 年中国生态环境状况公报 [R]. 北京，2024.

[35] 国家统计局. 能源消费总量年度数据 [R]. 北京，2021-2023.

[36] 韦保仁. 能源与环境 [M]. 北京：中国建材工业出版社，2015.

[37] 孙克勤，韩祥. 燃煤电厂烟气脱硝设备及运行 [M]. 北京：机械工业出版社，2011.

[38] 马建锋，李英柳. 大气污染控制工程 [M]. 北京：中国石化出版社，2013.

[39] Liang Z Y，Ma X Q，Lin H，et al. The energy consumption and environmental impacts of SCR technology in China [J]. Applied Energy，2011，88（4）：1120-1129.

[40] 马宏卿. 基于柱撑粘土的低温 NH_3-SCR 脱硝催化剂研究 [D]. 天津：南开大学，2012.

[41] Qi G S，Yang R T，Chang R. MnO_x-CeO_2 mixed oxides prepared by co-precipitation for selective catalytic reduction of NO with NH_3 at low temperatures [J]. Applied Catalysis B：Envi-

ronmental，2004，51（2）：93-106.

［42］蒋历俊.金属氧化物改性 Mn/ACN 系低温 SCR 脱硝催化剂的性能及抗硫机制研究［D］.重庆：重庆大学，2023.

［43］Sun W B，Li X Y，Zhao Q D，et al. $W_a Mn_{1-a}O_x$ catalysts synthesized by a one-step urea co-precipitation method for selective catalytic reduction of NO_x with NH_3 at low temperatures［J］. Energy & Fuels，2016，30（3）：1810-1814.

［44］Zheng H L，Song W Y，Zhou Y，et al. Mechanistic study of selective catalytic reduction of NO_x with NH_3 over $Mn-TiO_2$：A combination of experimental and DFT study［J］. The Journal of Physical Chemistry C，2017，121（36）：19859-19871.

［45］Zha K W，Cai S X，Hu H，et al. In situ DRIFTs investigation of promotional effects of tungsten on $MnO_x-CeO_2/meso-TiO_2$ catalysts for NO_x reduction［J］. The Journal of Physical Chemistry C，2017，121（45）：25243-25254.

［46］Yan L J，Liu Y Y，Zha K W，et al. Scale-activity relationship of MnO_x-FeO_y nanocage catalysts derived from prussian blue analogues for low-temperature NO reduction：Experimental and DFT studies［J］. ACS Applied Materials & Interfaces，2017，9（3）：2581-2593.

［47］Huang X D，Ma Z X，Lin W B，et al. Activation of fast selective catalytic reduction of NO by NH_3 at low temperature over TiO_2 modified CuO_x-CeO_x composites［J］. Catalysis Communications，2017，91：53-56.

［48］Hu X L，Shi Q，Zhang H，et al. NH_3-SCR performance improvement over Mo modified Mo $(x)-MnO_x$ nanorods at low temperatures［J］. Catalysis Today，2017，297：17-26.

［49］Dasireddy V D B C，Likozar B. Selective catalytic reduction of NO_x by CO over bimetallic transition metals supported by multi-walled carbon nanotubes（MWCNT）［J］. Chemical Engineering Journal，2017，326：886-900.

［50］Wang X M，Li X Y，Zhao Q D，et al. Improved activity of W-modified MnO_x-TiO_2 catalysts for the selective catalytic reduction of NO with NH_3［J］. Chemical Engineering Journal，2016，288：216-222.

［51］沈伯雄，王成东，郭宾彬，等.控制氮氧化物排放的低温 SCR 催化剂及工程应用［J］.电站系统工程，2006，22（5）：30-32，34.

［52］我国脱硫脱硝行业 2012 年发展综述［J］.中国环保产业，2013，7：8-20.

［53］Choo S T，Yim S D，Nam I S，et al. Effect of promoters including WO_3 and BaO on the activity and durability of V_2O_5/sulfated TiO_2 catalyst for NO reduction by NH_3［J］. Applied Catalysis B：Environmental，2003，44（3）：237-252.

［54］Shen M Q，Wen H Y，Hao T，et al. Deactivation mechanism of SO_2 on Cu/SAPO-34 NH_3-SCR catalysts：structure and active Cu^{2+}［J］. Catalysis Science & Technology，2015，5（3）：1741-1749.

［55］Ma Z R，Wu X D，Feng Y，et al. Effects of WO_3 doping on stability and N_2O escape of

MnO$_x$-CeO$_2$ mixed oxides as a low-temperature SCR catalyst [J]. Catalysis Communications, 2015, 69: 188-192.

[56] Liu Z M, Zhu J Z, Li J H, et al. Novel Mn-Ce-Ti mixed-oxide catalyst for the selective catalytic reduction of NO$_x$ with NH$_3$ [J]. ACS Applied Materials & Interfaces, 2014, 6 (16): 14500-14508.

[57] Liu Z M, Li Y, Zhu T L, et al. Selective catalytic reduction of NO$_x$ by NH$_3$ over Mn-promoted V$_2$O$_5$/TiO$_2$ catalyst [J]. Industrial & Engineering Chemistry Research, 2014, 53 (33): 12964-12970.

[58] Jing W, Guo Q Q, Hou Y Q, et al. Catalytic role of vanadium (V) sulfate on activated carbon for SO$_2$ oxidation and NH$_3$-SCR of NO at low temperatures [J]. Catalysis Communications, 2014, 56: 23-26.

[59] Pourkhalil M, Moghaddam A Z, Rashidi A, et al. Preparation of highly active manganese oxides supported on functionalized MWNTs for low temperature NO$_x$ reduction with NH$_3$ [J]. Applied Surface Science, 2013, 279: 250-259.

[60] Jiang B Q, Wu Z B, Liu Y, et al. Drift study of the SO$_2$ effect on low-temperature SCR reaction over Fe-Mn/TiO$_2$ [J]. The Journal of Physical Chemistry C, 2010, 114 (11): 4961-4965.

[61] Wu Z B, Jin R B, Wang H Q, et al. Effect of ceria doping on SO$_2$ resistance of Mn/TiO$_2$ for selective catalytic reduction of NO with NH$_3$ at low temperature [J]. Catalysis Communications, 2009, 10 (6): 935-939.

[62] Inomata H, Shimokawabe M, Arai M. An Ir/WO$_3$ catalyst for selective reduction of NO with CO in the presence of O$_2$ and/or SO$_2$ [J]. Applied Catalysis A: general, 2007, 332 (1): 146-152.

[63] Qi G S, Yang R T. A superior catalyst for low-temperature NO reduction with NH$_3$ [J]. Chemical Communications, 2003, 7: 848-849.

[64] Qi G S, Yang R, Chang R. Low-temperature SCR of NO with NH$_3$ over USY-supported manganese oxide-based catalysts [J]. Catalysis Letters, 2003, 87 (1-2): 67-71.

[65] Haneda M, Yoshinari T, Sato K, et al. Ir/SiO$_2$ as a highly active catalyst for the selective reduction of NO with CO in the presence of O$_2$ and SO$_2$ [J]. Chemical Communications, 2003, 22: 2814-2815.

[66] Huang Z G, Zhu Z P, Liu Z Y. Combined effect of H$_2$O and SO$_2$ on V$_2$O$_5$/AC catalysts for NO reduction with ammonia at lower temperatures [J]. Applied Catalysis B: Environmental, 2002, 39 (4): 361-368.

[67] Zhou J L, Wang P L, Chen A L, et al. NO$_x$ reduction over smart catalysts with self-created targeted antipoisoning sites [J]. Environmental Science & Technology, 2022, 56 (10): 6668-6677.

[68] Zhang S B，Zhang Q Z，Díaz-Somoano M，et al. Influence of SO_3 on the MnO_x/TiO_2 SCR catalyst for elemental mercury removal and the function of Fe modification [J]. Journal of Hazardous Materials，2022，433：128737-128746.

[69] Xie H，Shu D B，Chen T H，et al. An in-situ DRIFTs study of Mn doped $FeVO_4$ catalyst by one-pot synthesis for low-temperature NH_3-SCR [J]. Fuel，2022，309：122108-122119.

[70] Jia Z Z，Shen Y J，Yan T T，et al. Efficient NO_x abatement over alkali-resistant catalysts via constructing durable dimeric VO_x species [J]. Environmental Science & Technology，2022，56 (4)：2647-2655.

[71] Zhang Y B，Chen Y Z，Huang J H，et al. Preparation of MnO_x/CNTs catalyst by in situ precipitation method for low-temperature NO reduction with NH_3 [J]. Current Nanoscience，2021，17 (2)：298-306.

[72] Liu L，Wang B D，Yao X J，et al. Highly efficient MnO_x/biochar catalysts obtained by air oxidation for low-temperature NH_3-SCR of NO [J]. Fuel，2021，283：119336-119343.

[73] Zhu N，Shan W P，Lian Z H，et al. A superior Fe-V-Ti catalyst with high activity and SO_2 resistance for the selective catalytic reduction of NO_x with NH_3 [J]. Journal of Hazardous Materials，2020，382：120970-120978.

[74] Wang C Z，Sani Z，Tang X L，et al. Novel Ni-Mn Bi-oxides doped active coke catalysts for NH_3-SCR de-NO_x at low temperature [J]. ChemistrySelect，2020，5 (21)：6494-6503.

[75] 张霄玲，鲍佳宁，李运甲，等. 工业 MnO_x 颗粒催化剂的制备及其低温脱硝应用研究 [J]. 化工学报，2020，71 (11)：5169-5177.

[76] 陆强，裴鑫琦，徐明新，等. SCR 脱硝催化剂抗砷中毒改性优化与再生研究进展 [J]. 化工进展，2020，40 (5)：2365-2374.

[77] 刘涛，张书廷. Ba，Co 共掺 MnO_x 复合氧化物低温选择性催化还原 NO 研究 [J]. 化工学报，2020，71 (7)：3106-3113.

[78] 王金玉，朱怀志，安泽文，等. Mn 基脱硝催化剂抗水抗硫改性的模拟与实验研究 [J]. 化工学报，2019，70 (12)：4635-4644.

[79] 陈潇雪，宋敏，孟凡跃，等. $Fe_x MnCe_1$-AC 低温 SCR 催化剂 SO_2 中毒机理研究 [J]. 化工学报，2019，70 (8)：3000-3010.

[80] Wang F M，Shen B X，Zhu S W，et al. Promotion of Fe and Co doped Mn-Ce/TiO_2 catalysts for low temperature NH_3-SCR with SO_2 tolerance [J]. Fuel，2019，249：54-60.

[81] Sheng L P，Ma Z X，Chen S Y，et al. Mechanistic insight into N_2O formation during NO reduction by NH_3 over Pd/CeO_2 catalyst in the absence of O_2 [J]. Chinese Journal of Catalysis，2019，40 (7)：1070-1077.

[82] Liu C，Shi J W，Gao C，et al. Manganese oxide-based catalysts for low-temperature selective catalytic reduction of NO_x with NH_3：A review [J]. Applied Catalysis A：general，2016，522：54-69.

[83] Kang M，Park E D，Kim J M，et al. Manganese oxide catalysts for NO_x reduction with NH_3 at low temperatures [J]. Applied Catalysis A：general，2007，327 (2)：261-269.

[84] Yao G H，Gui K T，Wang F. Low-temperature de-NO_x by selective catalytic reduction based on iron-based catalysts [J]. Chemical Engineering & Technology，2010，33 (7)：1093-1098.

[85] Huang B C，Huang R，Jin D J，et al. Low temperature SCR of NO with NH_3 over carbon nanotubes supported vanadium oxides [J]. Catalysis Today，2007，126 (3)：279-283.

[86] Tang X L，Hao J M，Xu W G，et al. Low temperature selective catalytic reduction of NO_x with NH_3 over amorphous MnO_x catalysts prepared by three methods [J]. Catalysis Communications，2007，8 (3)：329-334.

[87] Kang M，Yeon T H，Park E D，et al. Novel MnO_x catalysts for NO reduction at low temperature with ammonia [J]. Catalysis Letters，2006，106 (1-2)：77-80.

[88] Tian W，Yang H S，Fan X Y，et al. Catalytic reduction of NO_x with NH_3 over different-shaped MnO_2 at low temperature [J]. Journal of Hazardous Materials，2011，188 (1-3)：105-109.

[89] Xu S Y，Chen J W，Li Z G，et al. Highly ordered mesoporous MnO_x catalyst for the NH_3-SCR of NO_x at low temperatures [J]. Applied Catalysis A：General，2023，649：118966-118973.

[90] Yang Z，Wang Z P，Liu W，et al. Highly efficient MnO_x catalysts supported on Mg-Al spinel for low temperature NH_3-SCR [J]. Journal of Environmental Chemical Engineering，2023，11 (5)：110873-110884.

[91] Jia X H，Peng R S，Huang H J，et al. Lotus leaves-derived MnO_x/biochar as an efficient catalyst for low-temperature NH_3-SCR removal of NO_x：effects of modification methods of biochar [J]. Journal of Chemical Technology and Biotechnology，2022，97 (11)：3100-3110.

[92] Li J H，Chang H Z，Ma L，et al. Low-temperature selective catalytic reduction of NO_x with NH_3 over metal oxide and zeolite catalysts—A review [J]. Catalysis Today，2011，175 (1)：147-156.

[93] Chen Z H，Wang F R，Li H，et al. Low-temperature selective catalytic reduction of NO_x with NH_3 over Fe-Mn mixed-oxide catalysts containing $Fe_3Mn_3O_8$ phase [J]. Industrial & Engineering Chemistry Research，2011，51 (1)：202-212.

[94] Yang S J，Wang C Z，Li J H，et al. Low temperature selective catalytic reduction of NO with NH_3 over Mn-Fe spinel：Performance，mechanism and kinetic study [J]. Applied Catalysis B：Environmental，2011，110：71-80.

[95] Zhan S H，Qiu M Y，Yang S S，et al. Facile preparation of MnO_2 doped Fe_2O_3 hollow nanofibers for low temperature SCR of NO with NH_3 [J]. Journal of Materials Chemistry A，2014，2 (48)：20486-20493.

[96] Liu Z M，Yi Y，Zhang S X，et al. Selective catalytic reduction of NO_x with NH_3 over Mn-Ce

mixed oxide catalyst at low temperatures [J]. Catalysis Today, 2013, 216: 76-81.

[97] Andreoli S, Deorsola F A, Pirone R. MnO_x-CeO_2 catalysts synthesized by solution combustion synthesis for the low-temperature NH_3-SCR [J]. Catalysis Today, 2015, 253: 199-206.

[98] Guo R T, Chen Q L, Ding H L, et al. Preparation and characterization of $CeO_x @ MnO_x$ core-shell structure catalyst for catalytic oxidation of NO [J]. Catalysis Communications, 2015, 69: 165-169.

[99] Tang X F, Li J H, Wei L S, et al. MnO_x-SnO_2 catalysts synthesized by a redox coprecipitation method for selective catalytic reduction of NO by NH_3 [J]. Chinese Journal of Catalysis, 2008, 29 (6): 531-536.

[100] Chen Z H Yang Q, Li H, et al. Cr-MnO_x mixed-oxide catalysts for selective catalytic reduction of NO_x with NH_3 at low temperature [J]. Journal of Catalysis, 2010, 276 (1): 56-65.

[101] Zhang L, Shi L Y, Huang L, et al. Rational design of high performance deNO$_x$ catalysts based on $Mn_x Co_{3-x} O_4$ nanocages derived from metal-organic frameworks [J]. ACS Catalysis, 2014, 4 (6): 1753-1763.

[102] Liu F D, He H, Ding Y, et al. Effect of manganese substitution on the structure and activity of iron titanate catalyst for the selective catalytic reduction of NO with NH_3 [J]. Applied Catalysis B: Environmental, 2009, 93 (1): 194-204.

[103] Liu F D, He H. Selective catalytic reduction of NO with NH_3 over manganese substituted iron titanate catalyst: Reaction mechanism and H_2O/SO_2 inhibition mechanism study [J]. Catalysis Today, 2010, 153 (3): 70-76.

[104] Li H R, Zhang D S, Maitarad P, et al. In situ synthesis of 3D flower-like NiMnFe mixed oxides as monolith catalysts for selective catalytic reduction of NO with NH_3 [J]. Chemical Communications, 2012, 48 (86): 10645-10647.

[105] Chang H Z, Li J H, Chen X Y, et al. Effect of Sn on MnO_x-CeO_2 catalyst for SCR of NO_x by ammonia: Enhancement of activity and remarkable resistance to SO_2 [J]. Catalysis Communications, 2012, 27 (0): 54-57.

[106] Fang D, Xie J L, Hu H, et al. Identification of MnO_x species and Mn valence states in MnO_x/TiO_2 catalysts for low temperature SCR [J]. Chemical Engineering Journal, 2015, 271: 23-30.

[107] Cimino S, Lisi L, Tortorelli M. Low temperature SCR on supported MnO_x catalysts for marine exhaust gas cleaning: Effect of KCl poisoning [J]. Chemical Engineering Journal, 2016, 283: 223-230.

[108] Peña D A, Uphade B S, Smirniotis P G. TiO_2-supported metal oxide catalysts for low-temperature selective catalytic reduction of NO with NH_3: I. Evaluation and characterization of first row transition metals [J]. Journal of Catalysis, 2004, 221 (2): 421-431.

锰氧化物基脱硝催化剂

[109] Liu L，Gao X，Song H，et al. Study of the promotion effect of iron on supported manganese catalysts for NO oxidation [J]. Aerosol and Air Quality Research，2014，14（3）：1038-1046.

[110] Schill L，Putluru S，Fehrmann R，et al. Low-temperature NH_3-SCR of NO on mesoporous $Mn_{0.6}Fe_{0.4}/TiO_2$ prepared by a hydrothermal method [J]. Catalysis Letters，2014，144 （3）：395-402.

[111] Wu Z B，Jin R B，Liu Y，et al. Ceria modified MnO_x/TiO_2 as a superior catalyst for NO reduction with NH_3 at low-temperature [J]. Catalysis Communications，2008，9（13）：2217-2220.

[112] Thirupathi B，Smirniotis P G. Co-doping a metal (Cr，Fe，Co，Ni，Cu，Zn，Ce，and Zr) on Mn/TiO_2 catalyst and its effect on the selective reduction of NO with NH_3 at low-temperatures [J]. Applied Catalysis B：Environmental，2011，110：195-206.

[113] Shen B X，Liu T，Zhao N，et al. Iron-doped $Mn-Ce/TiO_2$ catalyst for low temperature selective catalytic reduction of NO with NH_3 [J]. Journal of Environmental Sciences，2010，22 （9）：1447-1454.

[114] Yu J，Guo F，Wang Y L，et al. Sulfur poisoning resistant mesoporous Mn-base catalyst for low-temperature SCR of NO with NH_3 [J]. Applied Catalysis B：Environmental，2010，95 （1-2）：160-168.

[115] Carja G，Kameshima Y，Okada K，et al. Mn-Ce/ZSM5 as a new superior catalyst for NO reduction with NH_3 [J]. Applied Catalysis B：Environmental，2007，73（1）：60-64.

[116] Zhou G Y，Zhong B C，Wang W H，et al. In situ DRIFTS study of NO reduction by NH_3 over Fe-Ce-Mn/ZSM-5 catalysts [J]. Catalysis Today，2011，175（1）：157-163.

[117] Kim Y J，Kwon H J，Heo I，et al. Mn-Fe/ZSM5 as a low-temperature SCR catalyst to remove NO_x from diesel engine exhaust [J]. Applied Catalysis B：Environmental，2012，126：9-21.

[118] Cha J S，Choi J C，Ko J H，et al. The low-temperature SCR of NO over rice straw and sewage sludge derived char [J]. Chemical Engineering Journal，2010，156（2）：321-327.

[119] Gao X，Li L，Song L H，et al. Highly dispersed MnO_x nanoparticles supported on three-dimensionally ordered macroporous carbon：A novel nanocomposite for catalytic reduction of NO_x with NH_3 at low temperature [J]. RSC Advances，2015，5（37）：29577-29588.

[120] 郑玉婴，徐哲，张延兵，等. Mn-Fe/ACF 催化剂低温选择性催化还原 NO [J]. 功能材料，2014，45（20）：20142-20145.

[121] Fang C，Zhang D S，Cai S X，et al. Low-temperature selective catalytic reduction of NO with NH_3 over nanoflaky MnO_x on carbon nanotubes in situ prepared via a chemical bath deposition route [J]. Nanoscale，2013，5（19）：9199-9207.

[122] Pourkhalil M，Moghaddam A Z，Rashidi A，et al. Synthesis of MnO_x/oxidized-MWNTs for

abatement of nitrogen oxides [J]. Catalysis Letters, 2013, 143 (2): 184-192.

[123] Su Y X, Fan B X, Wang L S, et al. MnO_x supported on carbon nanotubes by different methods for the SCR of NO with NH_3 [J]. Catalysis Today, 2013, 201: 115-121.

[124] Wang X, Zheng Y Y, Xu Z, et al. Low-temperature selective catalytic reduction of NO over MnO_x/CNTs catalysts: Effect of thermal treatment condition [J]. Catalysis Communications, 2014, 50: 34-37.

[125] Lu X L, Zheng Y Y, Zhang Y Y, et al. Low-temperature selective catalytic reduction of NO over carbon nanotubes supported MnO_2 fabricated by co-precipitation method [J]. Micro & Nano Letters, 2015, 10 (11): 666-669.

[126] Wang X, Zheng Y Y, Lin J X. Highly dispersed Mn-Ce mixed oxides supported on carbon nanotubes for low-temperature NO reduction with NH_3 [J]. Catalysis Communications, 2013, 37: 96-99.

[127] Zhang D S, Zhang L, Fang C, et al. MnO_x-CeO_x/CNTs pyridine-thermally prepared via a novel in situ deposition strategy for selective catalytic reduction of NO with NH_3 [J]. RSC Advances, 2013, 3 (23): 8811-8819.

[128] Zhang D D, Zhang L, Shi L Y, et al. In situ supported MnO_x-CeO_x on carbon nanotubes for the low-temperature selective catalytic reduction of NO with NH_3 [J]. Nanoscale, 2013, 5 (3): 1127-1136.

[129] Wang X, Zheng Y Y, Xu Z, et al. Low-temperature NO reduction with NH_3 over Mn-CeO_x/CNT catalysts prepared by a liquid-phase method [J]. Catalysis Science & Technology, 2014, 4 (6): 1738-1741.

[130] Cai S X, Hu H, Li H R, et al. Design of multi-shell Fe_2O_3@MnO_x@CNTs for the selective catalytic reduction of NO with NH_3: Improvement of catalytic activity and SO_2 tolerance [J]. Nanoscale, 2016, 8 (6): 3588-3598.

[131] Zhang Y B, Zheng Y Y, Chen X H, et al. Fabrication and formation mechanism of Ce_2O_3-CeO_2-CuO-MnO_2/CNTs catalysts and application in low-temperature NO reduction with NH_3 [J]. RSC Advances, 2016, 6: 65392-65396.

[132] Kapteijn F, Singoredjo L, Andreini A, et al. Activity and selectivity of pure manganese oxides in the selective catalytic reduction of nitric oxide with ammonia [J]. Applied Catalysis B: Environmental, 1994, 3 (2): 173-189.

[133] Kang M, Park J H, Choi J S, et al. Low-temperature catalytic reduction of nitrogen oxides with ammonia over supported manganese oxide catalysts [J]. Korean Journal of Chemical Engineering, 2007, 24 (1): 191-195.

[134] Singoredjo L, Korver R, Kapteijn F, et al. Alumina supported manganese oxides for the low-temperature selective catalytic reduction of nitric oxide with ammonia [J]. Applied Catalysis B: Environmental, 1992, 1 (4): 297-316.

[135] Jiang B Q, Liu Y, Wu Z B. Low-temperature selective catalytic reduction of NO on MnO_x/TiO_2 prepared by different methods [J]. Journal of Hazardous Materials, 2009, 162 (2): 1249-1254.

[136] Qu Zhenping, Miao Lei, Wang Hui, et al. Highly dispersed Fe_2O_3 on carbon nanotubes for low-temperature selective catalytic reduction of NO with NH_3 [J]. Chemical Communications, 2015, 51 (5): 956-958.

[137] Fang C, Zhang D S, Shi L Y, et al. Highly dispersed CeO_2 on carbon nanotubes for selective catalytic reduction of NO with NH_3 [J]. Catalysis Science & Technology, 2013, 3 (3): 803-811.

[138] Chen X B, Gao S, Wang H Q, et al. Selective catalytic reduction of NO over carbon nanotubes supported CeO_2 [J]. Catalysis Communications, 2011, 14 (1): 1-5.

[139] Chiang B C, Wey M Y, Yeh C L. Control of acid gases using a fluidized bed adsorber [J]. Journal of Hazardous Materials, 2003, 101 (3): 259-272.

[140] Aleksandrov V P, Baranova R B, Valdberg A Y. Filter materials for bag filters with pulsed regeneration [J]. Chemical and Petroleum Engineering, 2010, 46 (1): 33-39.

[141] Tanthapanichakoon W, Furuuchi M, Nitta K H, et al. Degradation of semi-crystalline PPS bag-filter materials by NO and O_2 at high temperature [J]. Polymer Degradation and Stability, 2006, 91 (8): 1637-1644.

[142] Yang B, Zheng D H, Shen Y S, et al. Influencing factors on low-temperature $deNO_x$ performance of $Mn-La-Ce-Ni-O_x$/PPS catalytic filters applied for cement kiln [J]. Journal of Industrial and Engineering Chemistry, 2015, 24: 148-152.

[143] Park Y O, Lee K W, Rhee Y W. Removal characteristics of nitrogen oxide of high temperature catalytic filters for simultaneous removal of fine particulate and NO_x [J]. Journal of Industrial and Engineering Chemistry, 2009, 15 (1): 36-39.

[144] Zheng Y Y, Zhang Y B, Wang X, et al. MnO_2 catalysts uniformly decorated on polyphenylene sulfide filter felt by a polypyrrole-assisted method for use in the selective catalytic reduction of NO with NH_3 [J]. RSC Advances, 2014, 4 (103): 59242-59247.

[145] Kang M, Park E D, Kim J M, et al. Simultaneous removal of particulates and NO by the catalytic bag filter containing MnO_x catalysts [J]. Korean Journal of Chemical Engineering, 2009, 26 (1): 86-89.

[146] Zhang L, Zhang D S, Zhang J P, et al. Design of $meso-TiO_2@MnO_x-CeO_x$/CNTs with a core-shell structure as $DeNO_x$ catalysts: promotion of activity, stability and SO_2-tolerance [J]. Nanoscale, 2013, 5 (20): 9821-9829.

[147] Wang X, Zheng Y Y, Xu Z, et al. Amorphous MnO_2 supported on carbon nanotubes as a superior catalyst for low temperature NO reduction with NH_3 [J]. RSC Advances, 2013, 3 (29): 11539-11542.

[148] Fino D，Russo N，Saracco G，et al. A multifunctional filter for the simultaneous removal of fly-ash and NO_x from incinerator flue gases [J]. Chemical Engineering Science，2004，59 (22-23)：5329-5336.

[149] Lu P，Li C T，Zeng G M，et al. Low temperature selective catalytic reduction of NO by activated carbon fiber loading lanthanum oxide and ceria [J]. Applied Catalysis B：Environmental，2010，96 (1)：157-161.

[150] Zhang Y B，Zheng Y Y，Wang X，et al. Fabrication of $Mn-CeO_x$/CNTs catalysts by redox method and their performance in low-temperature NO reduction with NH_3 [J]. RSC Advances，2015，5 (36)：28385-28388.

[151] Zhang Y B，Zheng Y Y，Wang X，et al. Preparation of $Mn-FeO_x$/CNTs catalysts by redox co-precipitation and application in low-temperature NO reduction with NH_3 [J]. Catalysis Communications，2015，62：57-61.

[152] Zhang Y B，Ding M J，Song C J，et al. Selective catalytic reduction of NO with NH_3 over MnO_2/PDOPA@CNT catalysts prepared via poly（dopamine）functionalization [J]. New Journal of Chemistry，2018，42 (14)：11273-11275.

[153] Zhang Y B，Xu Z，Wang X，et al. Fabrication of $Mn-FeO_x$/CNTs catalysts for low-temperature NO reduction with NH_3 [J]. NANO，2015，10 (4)：1550050-1550059.

[154] Seki M，Takahashi M，Adachi M，et al. Fabrication and characterization of wüstite-based epitaxial thin films：p-type wide-gap oxide semiconductors composed of abundant elements [J]. Applied Physics Letters，2014，105 (11)：112105-112109.

[155] Wang P L，Chen S，Gao S，et al. Niobium oxide confined by ceria nanotubes as a novel SCR catalyst with excellent resistance to potassium，phosphorus，and lead [J]. Applied Catalysis B：Environmental，2018，231：299-309.

[156] 彭真. 基于 PPS 的锰基催化脱硝-除尘功能一体化滤料的制备及其低温 SCR 脱硝 [D]. 合肥：合肥工业大学，2016.

[157] Chen X H，Zheng Y Y，Zhang Y B. MnO_2-Fe_2O_3 catalysts supported on polyphenylene sulfide filter felt by a redox method for the low-temperature NO reduction with NH_3 [J]. Catalysis Communications，2018，105：16-19.

[158] Zhang Y B，Liu L H，Chen Y Z，et al. Synthesis of MnO_2-CuO-Fe_2O_3/CNTs catalysts：Low-temperature SCR activity and formation mechanism [J]. Beilstein Journal of Nanotechnology，2019，10 (1)：848-855.

[159] Nasibulin A G，Rackauskas S，Jiang H，et al. Simple and rapid synthesis of α-Fe_2O_3 nanowires under ambient conditions [J]. Nano Research，2009，2 (5)：373-379.

[160] 李洪兵. 某焦化厂焦炉烟气脱硫脱硝工艺技术改造研究 [D]. 唐山：华北理工大学，2020.

[161] Cho J H，Eom Y J，Jeon S H，et al. A pilot-scale TiO_2 photocatalytic system for removing gas-phase elemental mercury at Hg-emitting facilities [J]. Journal of Industrial and Engineer-

ing Chemistry, 2013, 19 (1): 144-149.

[162] Wang X Q, Zhou Y N, Li R, et al. Removal of Hg^0 from a simulated flue gas by photocatalytic oxidation on Fe and Ce co-doped TiO_2 under low temperature [J]. Chemical Engineering Journal, 2019, 360: 1530-1541.

[163] Wang T, Wan Z T, Yang X C, et al. Promotional effect of iron modification on the catalytic properties of Mn-Fe/ZSM-5 catalysts in the Fast SCR reaction [J]. Fuel Processing Technology, 2018, 169: 112-121.

[164] Xia Y J, Liao Z Q, Zheng Y, et al. Highly dispersed Mn-Ce binary metal oxides supported on carbon nanofibers for Hg^0 removal from coal-fired flue gas [J]. Applied Sciences, 2018, 8 (12): 2501-2513.

[165] Qiao S H, Chen J, Li J F, et al. Adsorption and catalytic oxidation of gaseous elemental mercury in flue gas over MnO_x/alumina [J]. Industrial & Engineering Chemistry Research, 2009, 48 (7): 3317-3322.

[166] Yue H F, Lu P, Su W, et al. Simultaneous removal of NO_x and Hg^0 from simulated flue gas over $Cu_a Ce_b Zr_c O_3$/γ-$Al_2 O_3$ catalysts at low temperatures: performance, characterization, and mechanism [J]. Environmental Science and Pollution Research, 2019, 26 (13): 13602-13618.

[167] Song H, Zhang M L, Yu J P, et al. The effect of Cr addition on Hg^0 oxidation and NO reduction over $V_2 O_5$/TiO_2 catalyst [J]. Aerosol and Air Quality Research, 2018, 18 (3): 803-810.

[168] 付玲, 张帅, 吕林霞, 等. NO 在 Ir (111) 表面吸附与解离的第一性原理研究 [J]. 原子与分子物理学报, 2018, 35 (3): 395-400.